通信技术专业系列教材

通信电子线路实践教程

吴元亮　主　编

徐　勇　副主编

马丽梅　闵　锐　黄　颖　朱　超　谢　青　编

电子工业出版社.

Publishing House of Electronics Industry

北京·BEIJING

内 容 简 介

本书以无线通信系统中的基本单元电路实验为主要内容，介绍了电路的仿真与设计以及系统课题的设计思路与方法等。

全书内容共 4 章。第 1 章为通信电子线路实验基础，主要介绍科学实验的意义、通信电子线路实验测量、误差与故障、通信电子线路实验数据处理与报告撰写、常用实验仪器与仪表设备等；第 2 章为通信电子线路基础实验，主要介绍小信号调谐放大器、高频调谐功率放大器、高频正弦波 LC 振荡器、振幅调制电路、振幅解调电路、频率调制电路、频率解调电路、锁相环路、混频电路等实验内容；第 3 章为通信电子线路 Multisim 仿真与设计，主要包括电路仿真软件 Multisim 简介、小信号调谐放大器、高频调谐功率放大器、高频正弦波 LC 振荡器、振幅调制电路、振幅解调电路、频率调制电路、频率解调电路、混频器的 Multisim 仿真与设计；第 4 章为调频收音机设计与制作，主要介绍调频收音机芯片 TEA5767。

本书可作为高等院校信息与通信类专业和其他相关专业的通信电子线路实验教材，也可作为相关专业技术人员的参考书。

图书在版编目（CIP）数据

通信电子线路实践教程/吴元亮主编. —北京：电子工业出版社，2020.3

ISBN 978-7-121-38248-2

Ⅰ. ①通… Ⅱ. ①吴… Ⅲ. ①通信系统－电子电路－电路设计－仿真设计－高等学校－教材

Ⅳ. ①TN91

中国版本图书馆 CIP 数据核字（2020）第 009178 号

责任编辑：刘小琳　　　特约编辑：武瑞敏

印　　刷：北京盛通数码印刷有限公司

装　　订：北京盛通数码印刷有限公司

出版发行：电子工业出版社

　　　　　北京市海淀区万寿路 173 信箱　　邮编：100036

开　　本：787×1 092　1/16　印张：11　　字数：281 千字

版　　次：2020 年 3 月第 1 版

印　　次：2025 年 1 月第 8 次印刷

定　　价：48.00 元

凡所购买电子工业出版社图书有缺损问题，请向购买书店调换。若书店售缺，请与本社发行部联系，联系及邮购电话：（010）88254888，88258888。

质量投诉请发邮件至 zlts@phei.com.cn，盗版侵权举报请发邮件至 dbqq@phei.com.cn。

本书咨询联系方式：liuxl@phei.com.cn，（010）88254538。

出版说明

  军队自学考试是经国家教育行政部门批准的、对军队人员进行的、以学历继续教育为主的高等教育国家考试，以个人自学、院校助学和国家考试相结合的形式组织学习和考试，同时也是部队军事职业教育的重要组成部分。军队自学考试自 1989 年开办以来，培养了大批人才，为军队建设作出了积极贡献。随着国防和军队改革的稳步推进，在军委机关统一部署下，军队自学考试专业调整工作于 2017 年启动，此次调整中新增通信工程（本科）和通信技术（专科）两个专业，专业建设相关工作由陆军工程大学具体负责。

  陆军工程大学在通信、信息、计算机科学等领域经过数十年的建设和发展，积累了实力雄厚的师资队伍和教学实力，拥有 2 个国家重点学科、2 个军队重点学科和多个国家级教学科研平台、全军重点实验室及全军研究（培训）中心，取得了丰硕的教学科研成果。

  自承担通信工程（本科）和通信技术（专科）两个军队自学考试专业建设任务以来，陆军工程大学精心遴选教学骨干，组建教材建设团队，依据课程考试大纲编写了自建课程配套教材，并邀请军地高校、科研院所及基层部队相关领域专家、教授给予了大力指导。所建教材主要包括《现代通信网》《战术互联网》《通信电子线路》等 17 部教材。秉持"教育+网络"的理念，相关课程的在线教学资源也在同步建设中。

  衷心希望广大考生能够结合实际工作，不断探索适合自己的学习方法，充分利用课程教材及其他配套教学资源，努力学习，刻苦钻研，达到课程考试大纲规定的要求，顺利通过考试。同时也欢迎相关领域的学生和工程技术人员学习、参阅我们的系列教材。希望各位读者对我们的教材提出宝贵意见和建议，推动教材建设工作的持续改进。

陆军工程大学军队自学考试专业建设团队

2019 年 6 月

前　言

　　通信电子线路课程是电子信息工程和通信工程专业的一门重要的专业基础课程，通信电子线路实验是通信电子线路课程理论教学的深化和补充，具有较强的实践性。随着科学技术的迅速发展，理工科大学生不仅需要掌握通信电子线路方面的基本理论知识，更需要掌握基本的实验技能和具备一定的科学研究能力。通过实验课程的学习，使学生进一步巩固和加深通信电子线路的理论知识，对通信电子线路、电路原理、系统与设备有全面直观的认识。通过实践进一步加强学生独立分析问题和解决问题的能力、综合设计及创新能力，同时注意培养学生实事求是、严肃认真的科研作风和良好的实验习惯，为步入工作岗位打下良好的基础。

　　本书实验内容根据电子工业出版社的《通信电子线路》（作者徐勇、吴元亮等）一书而设计，涉及小信号调谐放大器、高频调谐功率放大器、高频正弦波 LC 振荡器、振幅调制电路、振幅解调电路、频率调制电路、频率解调电路、锁相环路与频率综合电路、混频电路等实验电路，可实施 30 余项实物电路、仿真与设计实验教学。实验内容采取和理论内容贯通设计的方式，主要帮助学生理解和加深课堂所学的内容。本书还设计了一个系统实验，让学生了解每个复杂无线收发系统都是由一个个单元电路组成的；此外，学生可以根据教材提供的单元电路自行设计系统实验。本书实验内容一方面为学生巩固所学理论知识、开拓思路、增强动手能力提供了必要的实践平台；另一方面对于电子信息工程和通信工程专业学生来说，解决高频电信号的产生、调制与解调、发送与接收等基础问题，对培养学生理解模拟通信系统，提高观察、测试与分析高频电子电路的基本技能，以及增强设计及解决高频电子工程项目的实践能力，均有极为重要的意义。

　　本书基本实验电路和 Multisim 仿真电路都经过了反复的改进与实际使用。对于基本内容的实验，特别注重理论与实践相结合，如小信号高频谐振放大器实验，引导学生通过多动手，对实际电路进行调试、检测，从而强化对理论知识的理解与掌握，并适当加以引申。通过对比与总结，掌握通信电子线路有别于低频电子线路的特征与特点，学会观察与分析通信电子线路的基本方法，为以后进行通信电子线路工程设计与维护打下基础。

　　由于编者水平有限，书中难免存在一些缺点和错误，希望广大读者批评指正。

编者

2019 年 8 月

目 录

第1章 通信电子线路实验基础 ……………1

1.1 绪论 ……………………………1

    1.1.1 科学实验的意义与
地位 …………………1

    1.1.2 实验教学的目的、
功能与分类 …………2

    1.1.3 通信电子线路实验教学
的过程与要求 ………2

1.2 通信电子线路实验测量、误差
与故障 …………………………3

    1.2.1 测量方式 ……………3

    1.2.2 测量方法 ……………4

    1.2.3 测量误差 ……………4

    1.2.4 实验故障处理方法 ………6

1.3 通信电子线路实验数据处理与
报告撰写 ………………………7

    1.3.1 实验数据处理 …………7

    1.3.2 实验报告撰写 …………8

1.4 常用实验仪器与仪表设备 ………10

    1.4.1 直流稳压电源 …………10

    1.4.2 函数信号发生器 ………11

    1.4.3 数字多用表 ……………15

    1.4.4 数字示波器 ……………16

第2章 通信电子线路基础实验 ………17

2.1 小信号调谐放大器 ………………17

    2.1.1 实验目的 ………………17

    2.1.2 实验仪器与设备 ………17

    2.1.3 实验原理 ………………17

    2.1.4 实验内容与步骤 ………20

    2.1.5 预习要求 ………………24

    2.1.6 实验报告 ………………24

    2.1.7 思考题 …………………24

2.2 高频调谐功率放大器 ……………25

    2.2.1 实验目的 ………………25

    2.2.2 实验仪器与设备 ………25

    2.2.3 实验原理 ………………25

    2.2.4 实验内容与步骤 ………29

    2.2.5 预习要求 ………………32

    2.2.6 实验报告 ………………32

    2.2.7 思考题 …………………32

2.3 高频正弦波 LC 振荡器 …………33

    2.3.1 实验目的 ………………33

    2.3.2 实验仪器与设备 ………33

    2.3.3 实验原理 ………………33

    2.3.4 实验内容与步骤 ………38

    2.3.5 预习要求 ………………40

    2.3.6 实验报告 ………………40

    2.3.7 思考题 …………………40

2.4 振幅调制电路 ……………………40

    2.4.1 实验目的 ………………41

    2.4.2 实验仪器与设备 ………41

    2.4.3 实验原理 ………………41

    2.4.4 实验内容与步骤 ………45

    2.4.5 预习要求 ………………51

    2.4.6 实验报告 ………………52

    2.4.7 思考题 …………………52

2.5 振幅解调电路 ……………………52

    2.5.1 实验目的 ………………52

    2.5.2 实验仪器与设备 ………53

    2.5.3 实验原理 ………………53

    2.5.4 实验内容与步骤 ………56

2.5.5 预习要求 ·············59

2.5.6 实验报告 ·············60

2.5.7 思考题 ···············60

2.6 频率调制电路 ··············60

2.6.1 实验目的 ·············60

2.6.2 实验仪器与设备 ······60

2.6.3 实验原理 ·············61

2.6.4 实验内容与步骤 ······63

2.6.5 预习要求 ·············64

2.6.6 实验报告 ·············64

2.6.7 思考题 ···············65

2.7 频率解调电路 ··············65

2.7.1 实验目的 ·············65

2.7.2 实验仪器与设备 ······65

2.7.3 实验原理 ·············65

2.7.4 实验内容与步骤 ······68

2.7.5 预习要求 ·············71

2.7.6 实验报告 ·············71

2.7.7 思考题 ···············72

2.8 锁相环路 ··················72

2.8.1 实验目的 ·············72

2.8.2 实验仪器与设备 ······72

2.8.3 实验原理 ·············72

2.8.4 实验内容与步骤 ······77

2.8.5 预习要求 ·············81

2.8.6 实验报告 ·············81

2.8.7 思考题 ···············82

2.9 混频电路 ··················82

2.9.1 实验目的 ·············82

2.9.2 实验仪器与设备 ······82

2.9.3 实验原理 ·············82

2.9.4 实验内容与步骤 ······88

2.9.5 预习要求 ·············90

2.9.6 实验报告 ·············90

2.9.7 思考题 ···············90

第 3 章 通信电子线路 Multisim 14.0 仿真
与设计 ···················92

3.1 电路仿真软件 Multisim 14.0
简介 ·····················92

3.1.1 概述 ···············92

3.1.2 软件资源 ···········92

3.1.3 软件界面 ···········92

3.1.4 软件操作 ···········95

3.1.5 电路仿真设计的快速
启动 ···············96

3.2 小信号调谐放大器 Multisim
仿真与设计 ···············98

3.2.1 小信号调谐放大器的
设计原理 ···········98

3.2.2 调谐电路的选频特性
仿真验证 ···········99

3.2.3 放大电路的放大特性
仿真验证 ··········102

3.2.4 小信号调谐放大器的
原理电路仿真验证 ·····103

3.2.5 小信号调谐放大器的实
验电路设计与仿真 ·····105

3.3 高频调谐功率放大器 Multisim
仿真与设计 ··············106

3.3.1 调谐功率放大器的设计
原理 ··············106

3.3.2 调谐功率放大器的原理
电路仿真验证 ·······106

3.4 高频正弦波 LC 振荡器 Multisim
仿真与设计 ··············111

3.4.1 振荡器的设计原理 ·····111

3.4.2 振荡器的原理电路仿真
验证 ··············112

3.5 振幅调制电路 Multisim 仿真
与设计 ··················118

3.5.1 振幅调制电路的设计
原理 ··············118

3.5.2 基于 C 类功放的振幅调制
原理电路仿真验证 ·····118

3.5.3 基于模拟乘法器的振幅
调制原理电路仿真
验证 ··············122

3.6 振幅解调电路 Multisim 仿真
与设计 ···············124
　　3.6.1 振幅解调电路的设计
　　　　原理 ···············124
　　3.6.2 二极管包络检波原理
　　　　电路仿真验证 ·······124
　　3.6.3 模拟乘法器同步检波
　　　　电路仿真验证 ·······127
3.7 频率调制电路 Multisim 仿真
与设计 ···············129
　　3.7.1 频率调制电路的设计
　　　　原理 ···············129
　　3.7.2 直接频率调制原理电路
　　　　仿真验证 ···········129
3.8 频率解调电路 Multisim 仿真
与设计 ···············130
　　3.8.1 频率解调电路的设计
　　　　原理 ···············130
　　3.8.2 斜率鉴频器原理电路
　　　　仿真验证 ···········131

3.9 混频器 Multisim 仿真与设计··133
　　3.9.1 混频器的设计原理 ······133
　　3.9.2 无源混频器原理电路
　　　　仿真验证 ···········133
第 4 章 调频收音机设计与制作 ·········138
4.1 调频收音机芯片 TEA5767
简介 ···············138
4.2 芯片 TEA5767 的结构与工作
原理 ···············139
4.3 基于 TEA5767 收音机电路设计
与应用 ···············142
附录 A 调频收音机设计与制作资源···144
　　附录 A-1 原理图（SCH）···········144
　　附录 A-2 印刷电路板（PCB）····145
　　附录 A-3 程序（PROGRAM）····146
　　附录 A-4 元器件清单（BOM）···166
参考文献 ·······················167

第1章 通信电子线路实验基础

- **学习目标**

（1）了解通信电子线路实验的意义、地位、发展及特点。

（2）了解通信电子线路实验的过程、要求与成绩评定。

（3）掌握通信电子线路实验的测量方式、方法，误差、故障与数据处理，以及实验报告撰写格式。

（4）掌握通信电子线路中常用仪器仪表的使用方法。

- **建议学时**

2 学时。

1.1 绪论

通信电子线路实验的主要任务是培养学生的实践、研究与创新能力，因此要突出基本实验技能、科学实验方法的训练，突出电路设计与电路实现能力、使用计算机工具能力的培养，突出研究、探索和创新精神。为此，通信电子线路实验的课程体系与内容需要不断改革。

1.1.1 科学实验的意义与地位

科学实验是科学发展的基础，它即与科学理论密不可分，又与技术发展相辅相成。从本质上讲，科学实验就是利用科学仪器和设备等物质手段，人为控制或模拟自然现象，使自然过程或生产过程以比较直观的方式表现出来，并通过各种方式对实验数据进行采集处理，以揭露或显示自然规律。科学实验是一种在现有条件下研究自然规律的方法，它已成为一门新的学科——实验工程学。实验和理论是辩证的关系，两者紧密相联，不可偏废。科学理论的产生、验证和发展依赖于科学实验，科学实验离不开理论的指导。实验课题的选择、实验的构思和设计、实验方法的确定、实验数据的处理，以及由实验结果提出的科学假说、做出的科学结论等，始终受理论支配。

通信电子线路是一门非常重要的专业基础课，它具有知识面广、物理概念抽象、内容复杂、非线性等特点，学习难度较大。只有加强实验环节的培养，增强学生的动手能力，通过实际测量、试验、验证分析来提高学生对通信电子线路原理的理解。因此，通信电子线路实验是一个非常重要的环节。

1.1.2 实验教学的目的、功能与分类

1. 实验教学的目的

实验教学的目的主要是通过实践的过程来提高学生的认知能力，分析和解决问题的能力，加强理论联系实际和创新能力的培养。作为高等学校教学活动的一个重要组成部分，实验教学对提高教学质量，培养善于应用科学实验进行创造性研究的人才，起着理论教学不可替代的作用。

2. 实验教学的功能

高等学校的学生限于理论与实践的知识，还不能自主进行科学研究，对实验仪器、种类及使用方法等的认识还需要一个渐进的过程，主要还是一个知识积累的过程，所以实验教学的主要功能分为以下几个方面。

（1）实验验证教学，传统知识传授。在实验仪器的帮助下，通过教师的演示和学生的直接操作，形成直观的印象，从而巩固和加深理论教学内容。

（2）实验综合训练，综合能力培养。学生掌握一门或多门理论课程和一定的基本实验技能后，可以通过理论指导，遵循一定实验规律，对实验仪器进行组合，再进行一些较为复杂的综合实验，从而比较全面地掌握理论知识和实验技术。

（3）实验设计探索，创新能力培养。学生在掌握一定的专业知识，并通过前两种功能的完成，掌握了必需的基础理论和比较扎实的实验技术及一定的认识论基础后，可以独立选题，并进行设计、观察、记录和处理数据，归纳、深化、开拓视野，甚至发现新的理论。

（4）品格培养，积极价值观塑造。通过上述环节的进行，将学生培养成勤奋、进取、严谨、求实、理论联系实际、具有高素质的人才。

3. 实验教学的分类

根据实验教学的功能和实验的性质，实验教学可分为以下 3 种。

（1）验证性实验：以验证理论为主，按照课堂理论教学的进度和要求安排观察和操作的实验。

（2）设计性实验：以综合运用课堂理论和实验技术理论为目的进行的实验。

（3）综合性实验：以深化和开拓理论为目的，学生在选题、方案拟订等方面具有一定自由度的实验。

1.1.3 通信电子线路实验教学的过程与要求

考虑学生能力培养的渐进过程和实验内容的结构，本书将通信电子线路实验分为 4 个阶段：验证性实验阶段、仿真和设计阶段、设计性实验阶段、综合性实验阶段。通过通信电子线路实验教学，对学生的培养应该在 3 个方面有明显提升，如表 1.1 所示。

表 1.1　通信电子线路实验教学的要求

达成目标	内　容
知识传授	（1）通信电子线路实验的基础知识 （2）通信电子线路典型功能模块的技术原理、电路结构、性能指标及电路设计的要求 （3）通信电子线路功能电路的设计实现 （4）通信电子线路的计算机仿真与设计 （5）无线通信发射机与接收机的设计
能力提升	（1）实验方案拟制能力 （2）电路性能调测能力 （3）电路故障排除能力 （4）实用电路应用能力 （5）实验报告撰写能力
价值观塑造	（1）积极主动的责任与担当意识 （2）正确的知识研究与应用价值观 （3）良好的团队合作意识 （4）正确的国防和自我认识 （5）良好的工作作风、实事求是的科学态度和踏实细致的工作作风 （6）科学创新意识

1.2　通信电子线路实验测量、误差与故障

　　实验测量是通信电子线路实验的重要内容。借助仪器仪表获取被测对象量值，从而获得反映研究对象特性的信息，有助于认识事物，掌握事物发展变化的规律，探寻解决问题的方法。借助科学的测量方式、方法和先进的仪器设备，可以使通信电子线路的实验误差向更准确的控制方向发展，能够极大地提高实验质量。

1.2.1　测量方式

　　测量是指以获取被测对象量值为目的的全部操作，从电子测量结果中可获得反映研究对象特性的信息，有助于认识事物和解决问题，掌握事物变化发展的规律。测量可分为直接测量、间接测量、组合测量 3 种方式。表 1.2 列举了 3 种方式的基本测量思想和测量特点。

表 1.2　测量方式的思想和特点

测量方式	思　想	特　点
直接测量	利用仪器仪表直接测量获得测量结果的方式，如使用万用表直接测量电压、电流、电阻等	简单方便
间接测量	利用被测量数值与几个物理量之间存在的某种函数关系，直接测量这些物理量的值，再由函数关系计算出被测值，如测量调谐放大器的电压放大倍数 K，一般是分别测量电路输出电压 U_o 和输入电压 U_i，通过放大倍数公式计算出 K	常用于被测量不便直接测量，或者间接测量的结果比直接测量更为准确的场合

续表

测量方式	思　　想	特　　点
组合测量	综合利用直接测量和间接测量获得测量结果的方式，将被测量和另外几个量组成联立方程，通过求解方程得到被测量的大小，如某带有负载的调谐放大器，要测量其开路输出电压 U_o 和内阻 R_o，需要根据端口和负载直接的伏安特性关系式计算，一个方程式有两个被测量，需要改变负载值以获得两组测量值，计算出 U_o 和 R_o。	用计算机求解比较方便

1.2.2　测量方法

测量方法有直读法、比较测量法、时域测量法、频域测量法等。

直接从仪器仪表上读数得到测量值的方法称为直读法。例如，用万用表测量电压、电流、电阻，用功率表测量功率等。

在测量过程中，将被测量与标准量直接进行比较获得测量结果的方法称为比较测量法。例如，电桥利用标准电阻对被测量进行测量。比较测量法的特征是标准量直接参与被测量过程，测量准确、灵敏度高，适合精密测量，但是测量过程比较麻烦。

需要注意的是，测量方式与测量方法在概念上有区别。用万用表或功率表直接测量的方法，既是直接测量方式，也是直读法。但是，用电桥测量电阻是直接测量方式，不属于直读法，而属于比较测量法。

1.2.3　测量误差

在通信电子线路实验中，为准确获取被测量值，必须准确测量。需要选用合适的仪器设备，借助一定的实验方法，以获取实验数据，并针对这些实验数据进行一定的计算、误差分析与数据处理。

被测量有一个真实值，它由理论计算得出，我们将其定义为真值。实际测量时，由于受测量仪器精度、测量方法、环境条件、测量者能力等的限制，实际测量值与真值之间不可避免地存在差异，这种差异表现在数值上称为误差。误差可以被控制得越来越小，但是误差自始至终存在于所有实验中。

1. 测量误差的来源

测量误差主要来源及产生原因如表 1.3 所示。

表 1.3　测量误差主要来源及产生原因

误差来源	产生原因
仪表误差	由于仪表的电气或机械性能不完善产生的误差
方法误差（理论误差）	由于使用测量的方法不完善、理论依据不严密、对某些经典测量方法做了不适当的修改或简化产生的误差。例如，利用伏安表测量电阻时，直接以电压示值与电流示值之比作为测量结果，而不计电表本身内阻的影响，这样就会引起误差
操作误差（使用误差）	在使用仪表过程中，因安装、调节、布置、使用不当引起的误差
人身误差	由于人的感觉器官和运动器官的限制造成的误差

续表

误差来源	产生原因
影响误差 （环境误差）	由于温度、湿度、大气压、电磁场、机械振动、声音、光照、放射性等因素造成的误差

2. 测量误差的分类与减小方法

根据误差的性质和特点，测量误差可分为系统误差、随机误差（偶然误差）和疏失误差（粗大误差）3 类。

1）系统误差

实验时，在规定条件下对同一被测量进行多次测量，如果误差的数值保持稳定，或者按照某种规律变化，则称这类误差为系统误差。

系统误差产生的原因：测量仪器不准确；测量设备安装、放置不当；测量时的环境条件与仪器要求的环境条件不一致；测量方法不完善或所依据的理论不严格，采用了不适合的简化和近似；测量人员读数不准确，习惯性偏于某一方向或滞后读数等。

系统误差的产生原因是多方面的，针对上述原因，可以适当采取相应措施消除或减小系统误差：定期对测量仪器采用高一级的标准仪器进行鉴定和校准，求出其修正值，对测量结果进行校正；仪器的放置位置、工作状态、使用环境条件，以及附件的连接和使用要符合规定；实验者要善于正确操作所使用的仪器仪表，提高实验水平，增强责任心，改变不正确的习惯；采用数字式仪器仪表代替指针式仪器仪表。

2）随机误差（偶然误差）

在规定条件下，对同一被测量进行连续多次测量，若误差数值发生不规则变化，则这种误差称为随机误差。随机误差多由互不相关的诸多因素造成。

随机误差产生的原因：电路热噪声、外界干扰、电磁场变化、大地微震等。

随机误差无法预知，但是多次测量时，随机误差的绝对值不会超过一定界限，绝对值相等的正负误差出现的概率相同，如果测量次数足够，则随机误差的均值趋于 0。因而，在实验中，若发现在相同条件下，某一被测量的测量结果不同，则应在同条件下多次重复测量，取全部实验数据的平均值作为测量结果，这样能够减小随机误差。

3）疏失误差（粗大误差）

在一定测量条件下，测量结果显著地偏离真值，这种误差称为疏失误差。

疏失误差产生的原因：测量者缺乏经验、操作不当等造成测错、读错、记错或算错测量结果的情况；此外，仪器有缺陷、测量方法错误、电源电压不稳、机械冲击等情况也会造成这种误差。

疏失误差明显歪曲了测量结果，含有疏失误差的测量数据称为坏值，一经确认应该删除不用。

3. 测量误差的表示方法

1）绝对误差

被测量的仪器读数（实验数据）X 与真值（理论数据）A 之间的差值称为绝对误差 ΔX，$\Delta X = X - A$，ΔX 是具有大小、正负和量纲的数值，其大小和正负表征测量结果偏离真值的程度和方向。

2）相对误差

绝对误差 ΔX 与被测量真值 A 之比（用百分数表示）称为相对误差 γ，即

$$\gamma = \frac{\Delta X}{A} \times 100\%$$

1.2.4　实验故障处理方法

实验过程中会出现各种故障，能够根据现象发现故障，并通过查找和分析，排除故障是学生必须具备的基本技能，也是培养学生综合分析能力和解决问题能力的一个重要方面。学生需要具备扎实的理论知识、灵活的实验方法和熟练的仪器仪表操作技能，才能及时发现问题，当即采取措施，提高实验质量。

1. 实验的一般故障

通信电子线路实验故障现象和产生原因很多，最常见的有以下几种。

（1）电源接错。实验电路中有多个电源，以 MC1496 振幅调制电路实验为例，电源有正电源（+12V）、负电源（-12V），再加上参考地（GND），一旦接反，容易造成电路元器件烧毁或电路不正常工作。

（2）操作不当。实验粗心，使用仪表操作不当也容易导致元器件烧毁等故障，如万用表电流挡测量并入电路的电压、示波器测量探头接反等。

2. 故障判断

（1）破坏性故障。实验中，出现冒烟、有焦味、元器件发热严重，可判别有故障。

（2）非破坏性故障。当稳压电源无电压指示、电路指示灯灭、电压测量结果突然为零等明显不正常的现象出现时，可判别有故障。

（3）不确定故障。电路工作不正常，结果时好时坏，可判别有故障。

3. 故障诊断与排除

出现故障后，需要及时查找故障源，并排除故障，一般遵循以下原则。

（1）一旦发现故障，应立即切断实验电源，避免故障扩大。

（2）根据故障现象，对故障类型进行初步判断，然后选择合适的故障检查方法。

① 如果是破坏性故障，不能采用通电方法检查，要采用直观检查法。对照电路原理图，用万用表欧姆挡检查电路中应该连接的点是否正确。

② 如果是非破坏性故障，也应切断电源再进行观察，确定可以通电时再采用通电检查的方法。首先用万用表电压挡测量电源电压，若电源电压准确则将其加至电路，测量电路中各处的电源到地的电压是否正确，然后测量电路的静态工作点是否正确。最后，在已知电路正常工作时，各处电压、波形的情况下，借助示波器等仪器逐级逐模块测量输入、输出信号是否正确，集成电路需要测量各引脚信号是否正确，找到出现异常的地方，通过分析逐步缩小故障范围，直到找到准确的故障点。

③ 如果是不确定故障，故障可能比较隐蔽，可利用关键元器件更换的方法更换可能损坏的元器件，再进行调试，如果故障消失，则说明该元器件损坏；反之，就是其他原因引

起的故障。这样能够快速排除故障，有利于进一步查找故障。

需要注意的是，在故障诊断过程中，采用前后级电路断开测量的方法对准确定位故障很有帮助，能够有效缩小故障范围。

1.3 通信电子线路实验数据处理与报告撰写

1.3.1 实验数据处理

实验数据处理是指对实验测量所得数据的计算、分析和整理，有时还要归纳成一定的表达式，或者画出表格、曲线图等。数据处理是建立在误差分析的基础上，通过分析来得到正确的科学结论。数据处理的方法包括有效数字及数字的舍入、非等精度测量与加权平均、最小二乘法回归分析等。

1. 有效数字

当实验数据存在误差，计算无理数需要近似时，数值采用有效数字表示。利用有效数字记录数据结果时，需要注意以下几点。

（1）有效数字的表示。有效数字是指从数据左边第一个非零数字开始，直到右边最后一个数字为止所包含的数字。例如，0.08702A，有效数字为 8、7、0、2，左边的两个 "0" 不是有效数字，中间的 "0" 为有效数字。

（2）有效数字的取舍。有效数字的末位数字与测量精度有关，因而当末位数字为 0 时，不能随意舍弃。例如，0.840A，表明测量误差不超过 0.0005A，而 0.84A 则表示测量误差不超过 0.005A，测量精度不同。有效数字的取舍应该与实验数据的误差要求保持一致。

（3）有效数字的位数不应因为单位的不同而变化。例如，2A 等同于 $2×10^3$mA，不等同于 2000mA，因为两者对应的测量精度不同。2.000A 等同于 2000mA，两者有效数字位数相同，对应的测量精度一致。

2. 有效数字的取舍规则

保留有效数字时，为减小累积误差，实验数据的取舍规则一般不采用只舍不入、四舍五入等规则，而采用 "小于 5 舍，大于 5 入，等于 5 偶" 规则进行取舍。

（1）若第 $n+1$ 位及其后面的数字小于第 n 位单位数字的一半，则舍弃；若大于第 n 位数字的一半时，则第 n 位数字进 1。例如，35.46，3 位有效数字为 35.5。

（2）若第 $n+1$ 位及其后面的数字恰好等于第 n 位单位数字的一半，则当第 n 位数字为偶数或为零时，则舍弃后面的数字；当第 n 位数字为奇数时，则第 n 位数字进 1。例如，373.5，3 位有效数字为 374。

采用这些规则对测量数据或计算结果的多余位数进行处理，实际上是从不确定处对齐截断，这样做既能正确反映被测量的真实和可信程度，又可以使数据的表达避免冗长和累赘。

3. 实验数据的整理和表示方法

1) 实验数据的整理

实验过程中记录的原始测量数据需要进行整理，再通过分析、评估，给出切合实际的实验结果和结论。通常将原始数据按序排列，剔除坏值和偏差较大的值，补测缺损数据。

2) 实验数据的表示方法

经过整理的实验数据采用列表或图形的方式表示出来，体现实验规律和结果。列表法是常用的实验数据表示方法，其特点是形式紧凑，方便数据的比较和检验。图形法则更加直观、形象，能够清晰地反映出变量之间的函数关系和变化规律。

1.3.2　实验报告撰写

实验报告既是对一次实验的完整性总结，也是为积累更多实践经验，对提高技术报告和科技论文的撰写水平有很大帮助。一份完整的实验报告一般包含 9 个部分：标题、实验目的、实验仪器与设备、实验原理、实验内容与步骤、实验数据处理、结果分析、思考题、小结。实验报告编写案例如下。

小信号调谐放大器（标题）

姓　　名：_____　学　　号：_____　专　　业：_____

实验地点：_____　实验时间：_____　设备编号：_____

同组人员：_____　指导老师签字：_____　成　　绩：_____

一、实验目的

（1）熟悉小信号调谐放大器的电路结构和工作原理。

（2）熟悉谐振回路的幅频特性分析，以及小信号调谐放大器幅频特性的测试方法。

（3）……

二、实验仪器与设备

（1）小信号调谐放大器实验电路板，1 块。

（2）直流稳压电源，1 台。

（3）……

三、实验原理

1. 基本概念

接收机射频前端接收的射频信号微弱，并且伴有噪声、干扰等有害信号，小信号调谐放大器具有选择性地对某一频率范围的高频小信号进行放大的功能。所谓小信号，通常是指输入信号电压一般为 μV～mV 数量级，由于信号小，因此认为调谐放大器工作在晶体管的线性放大状态……

---

2. 原理电路

小信号调谐放大器原理电路和频率响应曲线如图 1.1 和图 1.2 所示。……

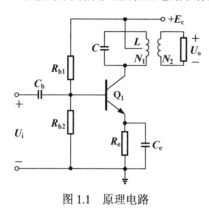

图 1.1　原理电路

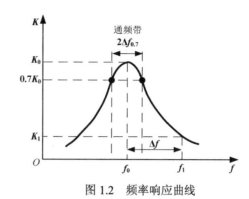

图 1.2　频率响应曲线

3. ……

四、实验内容与步骤

1. 硬件焊接与调试

按照原理图和相关参数焊接电路。多用表选择二极管挡测试电路板的短路情况，确定没有问题后，接通电源，此时电源指示灯亮。

2. 测量并调整静态工作点

（1）测量静态工作点（U_{BQ}、U_{EQ}、U_{CQ}）。

（2）输入施加 300mVrms、5MHz 正弦波信号，测量、观察输入输出电压波形；调整可调电阻 R_{b2}，使得输出电压波形最好、幅值最大。

3. ……

五、实验数据处理

1. 测量调谐放大器的幅频特性

（1）扫频法。扫频法是指保持输入信号的幅度不变，调整其频率，利用示波器观察调谐放大器输出电压幅度，画出调谐放大器的幅频特性曲线。在实验电路上，保持函数信号发生器输出正弦波幅度为 300mV，逐步改变频率，从示波器上读出与频率相对应的调谐放大器输入、输出电压幅值，将数据填入表 1.4 中。

表 1.4　测量调谐放大器的幅频特性（扫频法）

输入电压 频率 f/MHz	1	1.5	2	2.5	3	3.5	4	4.5	5	5.5	6	6.5	7	7.5	8
输入电压 幅值 U_i/mV															

续表

输入电压 频率 f/MHz	1	1.5	2	2.5	3	3.5	4	4.5	5	5.5	6	6.5	7	7.5	8
输出电压 幅值 U_o/mV															
电压放大倍数 K															

（2）点测法。保持输入信号幅度和频率均不变……

六、结果分析

1. 调谐放大器的性能指标计算

（1）计算电压放大倍数 K。
（2）计算调谐放大器的通频带及带宽 B。
（3）……

2. 结果分析

（1）比较直流工作点理论计算数据和实测结果。
（2）分别分析直流工作点和集电极负载电阻对调谐放大器性能的影响。
（3）……

七、思考题

（1）为什么要进行静态测量？
（2）如何判断谐振回路处于谐振状态？
（3）本实验电路中，为什么谐振回路中的电容是由一个固定电容和一个可调电容组成的，而且两者之间的并联值要比理论计算值取得小一点？
（4）……

八、总结本实验体会

1.4　常用实验仪器与仪表设备

仪器仪表是科学实验过程中进行测量的主要工具，通过对通信电子线路实验常用仪器仪表的学习，了解仪器仪表的性能指标，掌握仪表正确的使用方法，是进行科学实验必须具备的基础能力。

1.4.1　直流稳压电源

直流稳压电源为实验电路提供直流电源电压，图 1.3 所示为常用直流稳压电源仪器。在通信电子线路实验中，主要涉及以下应用需求。

1. 单电源应用

小信号调谐放大器的实验中采用+12V 直流电压单电源供电，其连接线如图 1.3（a）所示，可采用红色线连接图 1.3（a）中右路电源输出的红色接线柱，为+12V 电压输出，用黑色线连接同一路的黑色接线柱，为参考地，电压输出调整为+12V。注意，电源选择电压输出模式，两路电源设置为独立工作。应用+5V 单电源直流电压时，可使用仪器固定+5V 输出端口，如图 1.3（b）所示。

 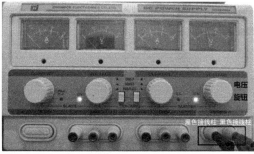

（a）+12V 直流电压输出　　　　　　　　　　（b）固定+5V 直流电压输出

图 1.3　常用直流稳压电源仪器的单电源应用

2. 正负电源同时应用

+12V 和−12V 同时输出应用时，注意稳压电源两路输出端参考地的连接。如图 1.4（a）所示，左路输出−12V，（可采用黄色线连接该路电源的黑色接线柱），右路输出为+12V（标准采用红色线连接红色接线柱），并且左路的红色接线柱与右路的黑色接线柱相连接，作为两路电源输出的共同参考地。

3. 三电源同时应用

当需要+12V、−12V 和+5V 三路电源同时使用时，固定+5V 的黑色接线柱与正负电源的参考地相连即可，如图 1.4（b）所示。

 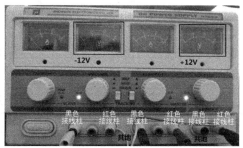

（a）±12V 同时应用　　　　　　　　　　（b）±12V 和+5V 同时应用

图 1.4　常用直流稳压电源仪器的多电源应用

1.4.2　函数信号发生器

DG1032 函数/任意波形发生器是一款集函数发生器、任意波形发生器、噪声发生器、脉冲发生器、谐波发生器、模拟/数字调制器、频率计等功能于一身的多功能信号发生器。

通信电子线路实验中主要涉及小信号正弦波，以及调制 AM、FM、PM 等调制波、扫频信号，下面主要说明如何利用 DG1032 设置输出这些波形。

1. DG1032 操作面板与基本参数

DG1032 函数/任意波形发生器的前、后面板结构如图 1.5 和图 1.6 所示。前面板主要包括显示屏（可同时显示两路信号波形）、软菜单（结合显示屏对指定波形进行参数选择设置）、波形选择区、数字键盘区（输入参数值）、方向旋钮（微调参数值）、输出控制（两路输出控制）、输出连接器及电源开关。除此之外，还有 USB 接口（可外接存储设备）。

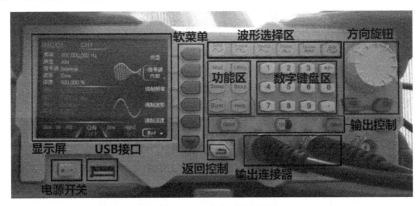

图 1.5　DG1032 的前面板

图 1.6　DG1032 的后面板

表 1.5 列举了 DG1032 函数/任意波形发生器的输出波形及基本参数。使用时，注意指标限制，如正弦波最高输出频率为 20MHz。

表 1.5　DG1032 的输出波形及基本参数

输出波形	频率范围	幅度范围
正弦波	1μHz～20MHz	CH1 通道：2mVpp～10Vpp（50Ω），4mVpp～20Vpp（高阻）CH2 通道：3Vpp（50Ω），6Vpp（高阻）
方波	1μHz～5MHz	
锯齿波	1μHz～150kHz	
脉冲波	500μHz～3MHz	
白噪声	5MHz 带宽（−3dB）	
任意波形	1μHz～5MHz	

2. DG1032 使用方法

1）仪器开机初始化

给仪器加上 220V 的交流电压，按下电源开关键，仪器进行自检初始化，首先功能键全亮；其次屏幕显示"RIGOL"，功能键再次全亮；最后进入仪器复位后的初始化状态，如图 1.7 所示。波形选择区"Sine"按键亮，屏幕显示当前 CH1 通道波形为"正弦波"。

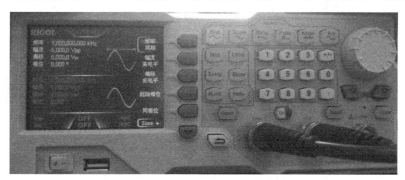

图 1.7 DG1032 仪器初始化界面

仪器默认初始化通道为 CH1，波形为正弦波，频率 1.000000000kHz，幅度 5.0000Vpp，偏移 0.0000V$_{DC}$，相位 0.000°。

2）波形输出通道选择

按功能键"Output1"或"Output2"，使能 CH1 或 CH2 通道输出波形信号，两通道可以同时被使能，输出两路信号。选择 CH1 通道输出正弦波，如图 1.8 所示。

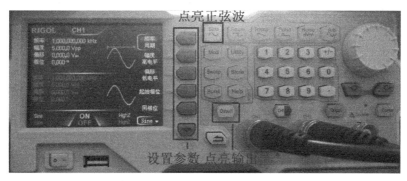

图 1.8 DG1032 仪器波形输出通道选择

3）CH1 路波形选择与设置

（1）反复按功能键"<u>CH1|CH2</u>"可循环选择 CH1 或 CH2 通道进行波形参数设置。

（2）在仪器的波形选择区选择 6 种波形之一输出，按该波形对应的软键。

（3）反复按界面中参数右侧对应的软键，可进行参数选择，如频率/周期。

（4）在数字键盘区输入参数值，并结合软菜单按键为参数选择合适的单位。

注意：方向旋钮支持参数值的微调，方向旋钮下方的左右键则支持指定位数值的调整，在小信号调谐放大器实验中，采用扫频法测试时，可采取方向旋钮操作。

此外，结合功能区中的 Mod 功能，可进行输出波形的调制输出，AM、FM、PM 等输出相关设置如图 1.9 所示。在图 1.9（a）中，选择 CH1 通道输出 AM 波形，可设置调制类型（AM、FM 等）、信号源（来自外部或内部）、调制频率、调制波形、调制深度等，设置结果如图 1.9（b）所示。

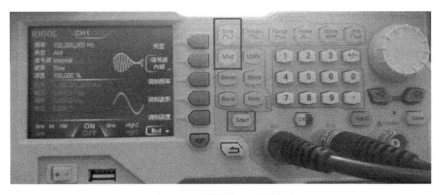

（a）CH1 通道输出 AM 波设置

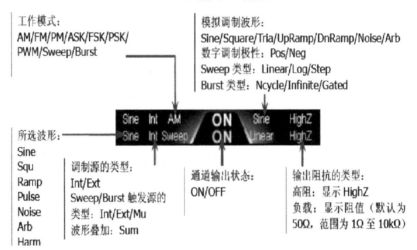

（b）CH1 通道输出 AM 波形设置结果

图 1.9　CH1 通道输出 AM 波信号状态

对 Utility、Sweep、Store、Burst、Help 等功能的使用不再详述，主要涉及通道的耦合设置、通道复制、语言设置、波形数据存储等实用功能，学习者可自行研究应用。

若希望通过 CH2 通道输出信号波形，则其选择与设置操作相同。

3. DG1032 使用实例

【例 1.1】**小信号调谐放大实验。** 要求 DG1032 输出一路小信号高频正弦波信号，具体参数为：正弦波形，频率 1MHz，幅度 100mVpp，偏移量 500mV$_{DC}$，初始相位 10°。

操作步骤如下。

（1）选择输出通道，进行波形设置。选择 CH1 或 CH2 作为输出通道，按"CH1|CH2"键进入相应通道的设置。

（2）选择波形，设置频率值。

① 按"Sine"键，设置波形为正弦波。

② 按频率/周期菜单切换键，选中频率。

③ 使用数字键盘输入 "1"，选择单位 "MHz"，设置频率为 1MHz。

（3）设置幅度值/偏移量。

① 按幅度/高电平软键切换，选中幅值。

② 使用数字键盘输入 "100"，选择单位 "mVpp"，设置幅值为 100mVpp。

③ 按偏移/低电平软键切换，选中偏移。

④ 使用数字键盘输入 "500"，选择单位 "mV$_{DC}$"，设置偏移量为 500mV$_{DC}$。

（4）设置相位。

① 按起始相位软键使其反色显示。

② 使用数字键盘输入 "10"，选择单位 "°"，设置初始相位为 10°。

（5）启用输出。

按 "Output1" 键，使灯变亮，选择 CH1 通道输出频率为 1MHz、幅度为 100mVpp、偏移量为 500mV$_{DC}$、初始相位为 10° 的正弦波。

【例 1.2】振幅调制解调实验。 要求 DG1032 输出一路 AM 波信号，具体参数：调制类型 AM，载波频率 1MHz，载波幅度 500mVrms，调制频率 1kHz，调制波形正弦波，调制深度 50%。

操作步骤如下。

（1）选择输出通道。选择 CH1 或 CH2 作为输出通道，按 "CH1|CH2" 键进入相应通道的设置。

（2）载波参数选择设置。

① 按 "Sine" 键，设置波形为正弦波。

② 按频率/周期菜单切换键，选中频率。

③ 使用数字键盘输入 "1"，选择单位 "MHz"，设置频率为 1MHz。

④ 按幅度/高电平软键切换，选中幅值。

⑤ 使用数字键盘输入 "500"，选择单位 "mVrms"，设置幅值为 500mVrms。

（3）调制参数选择设置。

① 按 "Mod" 软键，进入调制参数设置界面。

② 按类型软键，选择调制类型为 AM。

③ 按信号源软键，切换信号源为内部或外部。

④ 按调制频率软键，使用数字键盘输入 "1"，选择单位 "kHz"，设置调制频率为 1kHz。

⑤ 按调制波形软键，选择 Sine。

⑥ 按调制深度软键，使用数字键盘输入 "50"，选择 "%"，设置调制深度为 50%。

⑦ 按 "Mod" 软键，载波抑制，反复按载波抑制软键，切换载波抑制关闭或打开，设置调制为普通 AM 波或 DSB 波。

（4）启用输出。按 CH1 的 "Output1" 键或 CH2 的 "Output2" 键，使灯变亮，相应通道输出信号。

1.4.3　数字多用表

数字多用表种类多，基本使用方法在电路、模拟电子电路等实验课程中都已介绍，在通信电子线路实验中应用相同，本书不再赘述。

1.4.4 数字示波器

示波器是一种主要用来观察电信号波形的电子测试仪器，用途上分为超低频示波器、高频示波器、单踪示波器、双踪和多踪示波器、由电子枪与示波管组成的模拟示波器，以及由高速采样电路与液晶屏组成的数字式存储示波器。大家只需熟悉并掌握其中一两种示波器的使用方法即可，对于其他形式的示波器，通过阅读使用说明书或操作演示，也不难掌握其操作要领。在示波器的使用过程中，应当注意示波器的技术指标与使用条件。

（1）DC 直流耦合。

（2）AC 交流耦合。

（3）灵敏度。

（4）输入阻抗。

（5）标准信号。

基本要求和注意事项：熟悉示波器面板上的各项功能按键和旋钮，能够熟练调节面板旋钮，稳定显示被测信号的波形，并能估算被测信号的幅度与周期。高频测量时，连接线要尽可能短，要就近接地，并考虑探头阻抗的影响。

第2章 通信电子线路基础实验

- **学习目标**

（1）了解模拟通信系统的基本概念、框架结构、功能特点。

（2）掌握典型功能模块的技术原理、电路组成、功能特点和性能指标。

（3）理解通信电子线路实验的过程、功能测试和指标测量的方法。

（4）熟悉实验中新元器件手册查阅和基本应用的一般方法和流程。

- **建议学时**

18 学时。

2.1 小信号调谐放大器

小信号调谐放大器位于无线通信系统接收机的射频前端，主要用于对天线感应的高频、含噪、微弱信号选频放大和混频后的中频信号选频放大。

2.1.1 实验目的

（1）熟悉小信号调谐放大器的电路结构和工作原理。

（2）熟悉 LC 并联谐振回路的幅频特性，以及小信号调谐放大器幅频特性的测试方法。

（3）掌握小信号调谐放大器增益、通频带与选择性的测量方法。

（4）了解静态工作点和集电极负载对调谐放大器性能的影响。

2.1.2 实验仪器与设备

（1）小信号调谐放大器实验电路板，1 块。

（2）直流稳压电源，1 台。

（3）函数信号发生器，1 台。

（4）数字多用表，1 块。

（5）数字示波器，1 台。

2.1.3 实验原理

1. 基本概念

接收机射频前端接收的射频信号微弱，并且伴有噪声、干扰等有害信号，小信号调谐放大器具有选择性地对某一频率范围的高频小信号进行放大的功能。所谓小信号，通常是指输入信号电压一般在 μV～mV 数量级附近，由于信号小，因此认为调谐放大器工作在晶体管的线性放大状态。所谓调谐，主要是指调谐放大器的集电极负载为调谐回路，对谐振频率及附近频率的信号具有较强的放大作用，而对远离谐振频率的信号则表现为抑制作用。

2. 原理电路

小信号调谐放大器原理电路和频率响应曲线如图 2.1 和图 2.2 所示。

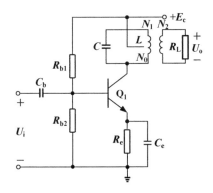
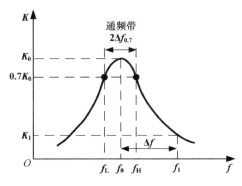

图 2.1　调谐放大器原理电路　　　　图 2.2　频率响应曲线

图 2.1 中的分压电阻 R_{b1}、R_{b2}、R_e 用以保证晶体管工作于放大区域，从而放大器工作于甲类状态；C_e 为旁路电容，C_b 为输入耦合电容，L、C 元件组成谐振回路，作为调谐放大器的集电极负载，决定调谐放大器的谐振频率 f_0、Q 值和带宽。为了减轻晶体管集电极电阻和下一级负载 R_L 对回路品质因数 Q 值的影响，均采用部分回路接入方式。

3. 性能参数

调谐放大器的主要技术指标有中心频率、增益（放大倍数）、通频带（选频能力）、品质因数、矩形系数等。下面简要介绍增益、通频带、矩形系数和稳定性。

（1）增益（放大倍数）：调谐放大器输出与输入电压之比，用 K 表示，$K=U_o/U_i$，用来描述调谐放大器放大微弱信号的能力，图 2.2 中的 K_0 为调谐放大倍数。

调谐放大器设计要求在谐振频率和通频带内增益尽量大一些，而增益大小主要取决于晶体管、通频带带宽和电路能否良好匹配。

（2）通频带：放大器电压增益下降到最高增益的 0.707 倍时，对应频率为调谐放大器的上下限截止频率，用 f_H 和 f_L 表示，频率之间的范围为调谐放大器的通频带，用 $B_{0.7}$ 表示，其关系式为 $B_{0.7}=f_H-f_L$。图 2.2 中的 $B_{0.7}$ 为 $2\Delta f_{0.7}$。

通频带描述调谐放大器在谐振频率处通过有用信号的能力，进而表明电路的选频能力。

（3）矩形系数：表明调谐放大器从输入信号（包含有用和有害频率）中选出有用信号抑制有害（干扰）信号的能力。衡量选择性的基本指标一般有通频带、品质因数和矩形系数。矩形系数通常用 $K_{0.1}$ 表示，$K=B_{0.1}/B_{0.7}$。

（4）稳定性：调谐放大器工作状态（直流偏置）、晶体管参数、电路元件参数发生变化时，放大器主要特性的稳定程度。

4．实验电路

实验电路如图 2.3 所示。其中，电路采用+12V 单电源供电工作（图中 U_{CC_12V}），电感 L_s、电容 C_{s3}、C_{s4} 组成二次稳压滤波电路，放大器通过电感 L_1 和 L_2 部分接入 LC 回路，减小放大器输出阻抗对 LC 回路的影响；L_1、L_2、C_1 和可调电容 C_{var} 组成调谐回路，实现对放大信号的窄带选频输出；可调电位器 R_{b12} 用以改变基极偏置电压，以观察放大器直流静态工作点变化时对单调谐放大器的影响（如电压增益、选频带宽、品质因数 Q 值等）；单刀双掷开关 S_1 用以改变集电极电阻（在调谐回路中选择性并入 $2k\Omega$ 小电阻），以观察集电极负载变化对调谐放大器（包括电压增益、带宽、Q 值）的影响。此外，输入信号通过电容 C_{b11} 耦合输入至放大管的基极，电阻 R_{bb} 为基极限流电阻。

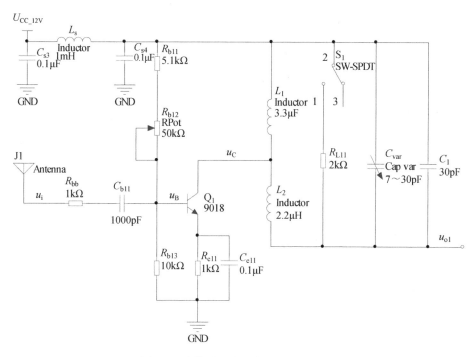

图 2.3 小信号调谐放大器的实验电路

实验之前，结合实验电路中元器件的参数，计算放大管 Q_1 基极直流电压（静态工作点 U_{BQ}）的范围，放大器集电极负载 LC 回路的调谐选频范围。对放大管的工作状态和放大器的输出信号在理论上有很清楚的认识。

图 2.4 所示为调谐放大器的第二级输出电路，以 Q_2 为核心构建的射极电压跟随器，主要用于提高调谐放大电路的带负载能力。

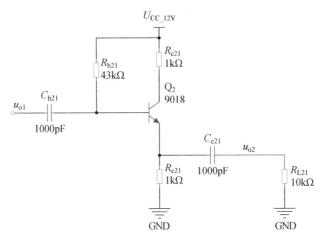

图 2.4　射极电压跟随器电路

2.1.4　实验内容与步骤

1. 硬件焊接与调试

按照原理图和相关参数焊接电路。多用表选择二极管挡测试电路板的短路情况，确定没有问题后，接通电源，此时电源指示灯亮。

2. 测量并调整静态工作点

（1）通过调整电阻 R_{b2} 使放大器工作于放大状态，测量并记录静态工作点（U_{BQ}、U_{EQ}、U_{CQ}）。

（2）输入施加 300mVrms、5MHz 正弦波信号，测量、观察输入和输出电压波形；调整可调电阻 R_{b2} 和可调电容 C_{var}，使得输出电压波形最好、幅值最大，观察实验过程中的实验现象，记录输入、输出电压幅值和频率数据。

注意：静态工作点的基极电压 U_{BQ} 一般可选择为 $U_{cc}/2$。

实验现象、数据和结论：

3. 测量调谐放大器的幅频特性

调谐放大器的放大与选频性能主要通过幅频特性曲线表示，谐振频率 f_0、通频带带宽 $B_{0.7}$、调谐放大倍数 K_0 等。

测量幅频特性通常有两种方法：扫频法和点测法。

（1）扫频法。扫频法是指保持输入信号的幅度不变，调整其频率，利用示波器观察调谐放大器输出电压幅度，画出调谐放大器的幅频特性曲线。在实验电路上，保持函数信号发生器输出正弦波幅度为 300mV，逐步改变频率，从示波器上读出频率相对应的调谐放大器输入、输出电压幅值，将数据填入表 2.1 中。根据测量结果，以频率为横轴、电压幅值为纵轴，画出调谐放大器的幅频特性曲线（或者以频率为横轴、电压放大倍数为纵轴，画出调谐放大器的增益特性曲线）。

表 2.1　测量调谐放大器的幅频特性（扫频法）

输入电压 频率 f/MHz	1	1.5	2	2.5	3	3.5	4	4.5	5	5.5	6	6.5	7	7.5	8
输入电压 幅值 U_i/mV															
输出电压 幅值 U_o/mV															
电压放大倍数 K															

扫频法要求完成以下实验内容。

① 记录调谐放大器在不同输入频率时输入、输出电压的幅值，并计算电压放大倍数，填入表 2.1 中。

② 根据表 2.1 中的数据，x 轴为频率，y 轴为电压，画出幅频特性曲线图。

③ 调节输入频率，找到谐振频率点，记录调谐放大器的最大输出电压幅度。

④ 调节输入频率，找到输出电压幅度下降至最大输出电压幅度 0.707 倍处的两个频率点（上限截止频率 f_H 和下限截止频率 f_L），计算调谐放大器的通频带及带宽 $B_{0.7}$。

实验注意事项：数据的精确度可设置为小数点后一位。

实验现象、数据和结论：

（2）点测法。保持输入信号幅度和频率均不变，改变 LC 回路中的可调电容 C_{var}，测出与频率相对应的单调谐放大器的输出电压幅度，画出单调谐放大器的幅频特性曲线。通过

开关 S_1 断开集电极电阻 R_{L11}，调整 R_{b12}，使放大器工作于线性放大状态。函数信号发生器输出连接到单调谐放大器的输入端（J1）。示波器 CH1 连接放大器的输入端 J1，示波器 CH2 连接单调谐放大器的输出端 J4。调整信号频率为 8.2MHz，幅度为 300mVpp 正弦波（示波器 CH1 监测）。调整单调谐放大器的可调电容 C_{var}，使放大器输出为最大值（示波器 CH2 监测）。此时，LC 回路谐振为 8.2MHz。根据输入、输出电压幅度的大小，计算出调谐电压放大倍数。

实验现象、数据和结论：

4. 测量调谐放大器的性能指标

调谐放大器的重要指标主要有谐振频率 f_0、通频带 B（频率选择性）及电压放大倍数 K。这几个指标参数均可利用扫频法确定。

测量调谐放大倍数：设置输入谐振频率为 f_0，拨动负载开关，使调谐放大器分别处于空载和有载状态，测量输入电压幅度 U_i 和输出电压幅度 U_o，分别计算空载和有载谐振电压放大倍数 K_0。

测量通频带：调谐后，从调谐频率 f_0 分别增大和减小输入信号频率，放大倍数下降为谐振电压放大倍数 K_0 的 0.707 倍所对应的两个频率，即 f_H 和 f_L，计算得到通频带的带宽 $B_{0.7} = f_H - f_L$。

实验现象、数据和结论：

5. 观察静态工作点对单调谐放大器幅频特性的影响

通过调整基极可调电阻 R_{b12} 的阻值，改变放大器的直流静态工作点，观察输出电压波形变化。

实验现象、数据与结论：

6. 观察集电极负载对单调谐放大器幅频特性的影响

分别闭合开关和打开负载支路的开关，观察输出电压波形变化。

实验注意事项：在调节谐振回路的可调电容时，缓慢进行，用力不要太大。

实验现象、数据与结论：

2.1.5 预习要求

（1）复习谐振回路和小信号调谐放大器的电路结构、工作原理和性能指标。

（2）熟悉小信号调谐放大器的增益、通频带、选择性等参数计算及相互间的关系。

（3）阅读本节内容，熟悉小信号调谐放大器的实验电路和完整实验过程。

（4）（选做）结合小信号调谐放大器的 Multisim 仿真设计进行电路仿真。

2.1.6 实验报告

（1）按照标准格式撰写实验报告。

（2）写明实验目的，画出实验电路，标注输入、输出电压波形，计算直流工作点。

（3）写出完整的实验操作步骤，写明实验所用仪器、设备，记录实验测试条件与结果数据，将各项数据用表格的形式列出。

（4）整理实验数据，画出调谐放大器的幅频特性曲线，比较直流工作点理论计算数据和实测结果，计算中心频率、带宽、矩形系数和等效 Q 值。

（5）分析直流工作点和集电极负载电阻对调谐放大器性能的影响。

（6）总结本实验体会。

2.1.7 思考题

（1）为什么要进行静态测量？

（2）如何判断谐振回路处于谐振状态？

（3）本实验电路中，为什么谐振回路中的电容是由一个固定电容和一个可调电容组成的，而且两者之间的并联值要比理论计算值取得小一点？

2.2　高频调谐功率放大器

高频调谐功率放大器位于无线通信系统发射机的末端，主要用于高频信号的功率放大，以满足驱动天线发射无线电波的功率需求。

2.2.1　实验目的

（1）掌握 C 类高频调谐功率放大器的基本工作原理。
（2）掌握 C 类高频调谐功率放大器的负载特性。
（3）观察 3 种工作状态的集电极电流波形。
（4）了解基极偏置电压、集电极电压、激励电压的变化对工作状态的影响。
（5）了解 C 类高频调谐功率放大器的基极与集电极调制特性。
（6）掌握 C 类高频调谐功率放大器的功率与效率计算方法。
（7）了解 A 类、B 类与 C 类功率放大器的特点。

2.2.2　实验仪器与设备

（1）高频调谐功率放大器实验电路板，1 块。
（2）直流稳压电源，1 台。
（3）函数信号发生器，1 台。
（4）数字多用表，1 块。
（5）数字示波器，1 台。

2.2.3　实验原理

1. 基本概念

高频调谐功率放大器是通信发射机的重要组成电路，通常用在发射机的末端以增大发射功率，达到增加射频信号发射距离的目的。按照电流导通角度 θ 的范围，功率放大器可分为 A 类、AB 类、B 类、C 类等不同类型，导通角度 θ 越小，功率放大器的输出效率越高。

A 类功率放大器导通角度 θ 为 180°，缺点是效率 η 最高达 50%，优点是线性度高，适用于小信号低功率放大，一般作为中间级或输出功率较小的末级功率放大器；C 类功率放大器导通角度 θ 小于 90°，优点是 η 最高达 80%，缺点是非线性失真严重，适用于大信号高功率放大，通常作为发射机末级功率放大器以获得较大的输出功率和较高的输出效率。C 类功率放大器的特点是：通常用来放大窄带高频信号（信号的通带宽度只有其中心频率的 1%或更小），基极偏置为负值，静态时功放管工作在截止状态；动态时有欠压、临界和过压 3 种工作状态，电流的导通角度 θ 小于 90°，为了不失真放大信号，它的负载必须是LC 谐振回路。

2. 原理电路

1）原理电路与工作波形

C 类高频调谐功率放大器原理电路如图 2.5 所示。

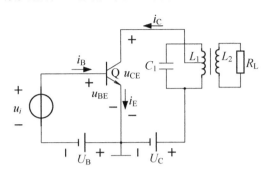

图 2.5　C 类高频调谐功率放大器原理电路

基极输入回路中，U_B 为功率管 Q 的基极提供反向偏置电压，功率管的发射结电压 $u_{BE}=u_i-U_B$，只有当 u_{BE} 大于发射结导通电压 U_j 时，发射结才能导通，功率管基极 B、集电极 C、发射极 E 才有电流，功率管进入放大状态；否则，功率管处于截止状态，功率管电流为零。输入电压和输出电流的波形如图 2.6 所示。

从图 2.6（a）中可以看出，C 类功率放大器的输入必须是足够大的交流信号，否则功率管发射结在输入交流信号一个周期中都无法导通；C 类功率放大器的电流波形出现失真；电流 i_C 时域分解图（高次谐波成分未在图中画出）和频谱图如图 2.6（b）所示。

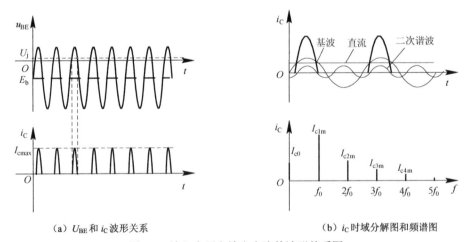

（a）U_{BE} 和 i_C 波形关系　　　　　　（b）i_C 时域分解图和频谱图

图 2.6　输入电压和输出电流的波形关系图

> 知识贴士：
> ① 大信号和小信号没有明确界限，一般认为大信号幅值在 500mV 以上。
> ② 分析电流 i_C 一般采用傅里叶级数分解的办法，观察电流中的频率分量。

集电极输出回路中，C 类功率放大器的集电极脉冲电流 i_c 流经负载 LC 并联回路形成集电极电压，LC 回路具有谐振特点，输出电压 u_o 波形为不失真的基波电压。

知识贴士：

C 类功率放大器必须以窄带选频电路作为集电极负载，才能不失真恢复电压波形。

2）C 类功率放大器的工作状态

如果输入交流电压 u_b 变化一个周期内，功率管 VT 部分时间进入饱和区，则说明 C 类功率放大器工作于过压状态；若 u_b 到达波峰时，功率管 VT 到达饱和区和放大区的临界点，则说明 C 类功率放大器工作于临界状态；功率管 VT 始终处于放大区，则 C 类功率放大器工作于欠压状态。C 类功率放大器的 3 种工作状态如图 2.7 所示。

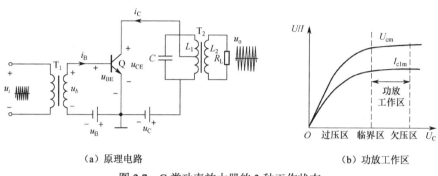

（a）原理电路　　　　　　　　　　　（b）功放工作区

图 2.7　C 类功率放大器的 3 种工作状态

欠压状态时，输出电流 i_C 随输入电压 u_{BE} 变化；过压时，电流 i_C 顶部失真，不再随输入电压 u_{BE} 变化。C 类功率放大器的工作状态主要受集电极电源电压 U_C、基极偏置电压 U_B、输入激励幅度 U_{bm} 和负载 R_C 影响。

3）C 类功率放大器的调制特性

通过控制集电极电源电压 U_C 和基极偏置电压 U_B，能够使 C 类功放表现出很明显的调幅特性，这种调制特性如图 2.8 所示。

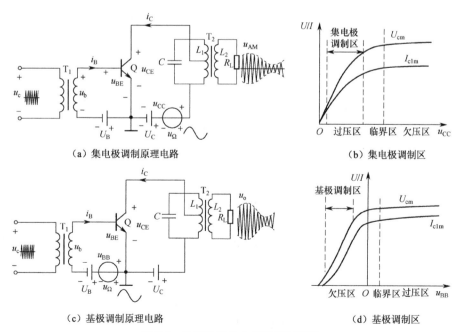

（a）集电极调制原理电路　　　　　　　（b）集电极调制区

（c）基极调制原理电路　　　　　　　　（d）基极调制区

图 2.8　C 类功率放大器的调制特性

集电极调制特性：C 类功率放大器工作在过压状态时，U_C 对 U_{cm} 表现出较大的控制作用，利用这种特性能够实现集电极调幅波的产生。

基极调制特性：C 类功率放大器工作在欠压状态时，U_B 对 U_{cm} 表现出较强的控制作用，利用这种特性能够实现基极调幅波的产生。

3. 实验电路

实验电路由前置放大器和功率放大器两级放大电路组成，如图 2.9 所示。

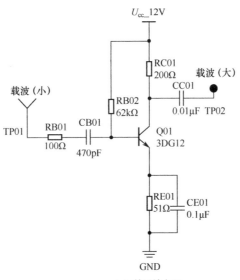

(a) 前置放大器

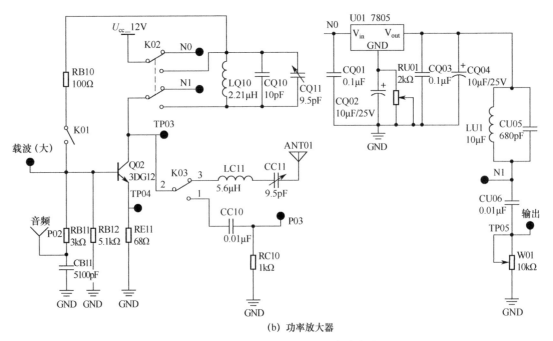

(b) 功率放大器

图 2.9 高频调谐功率放大器的实验电路

前置放大器电路以 Q01 为核心，采用固定偏置共射放大结构，使放大器工作在 A 类线性状态，用于放大较小的高频电压信号（载波输入），设置 TP01、TP02 测量点，观察电路的输入、输出。该级放大器的负载是电阻，对输入信号没有滤波和调谐作用。

功率放大器电路以 Q02 为核心，开关 K01 两侧拨动可设置功放电路为 A 类或 C 类。C 类高频功率放大时，Q02 基极偏置电压为零，通过发射极上的电压构成反偏，只有在载波正半周且幅度足够大时才能使功率管导通。其集电极负载为 LC 选频谐振回路，谐振在载波频率上选出基波，获得较大功率输出。

拨动开关 K02 可为功放设置两个不同的选频回路。K02 一侧谐振回路的谐振频率为 1.9MHz 左右。此频率适合测量功放电路在 3 种状态（欠压、临界、过压）下的电流脉冲波形，因为频率较低，所以测量效果较好。W01 电位器用来改变负载电阻大小。RU01 用来调整功放集电极电源电压的大小（谐振回路频率为 1.9MHz 左右时）。当 K02 拨至另外一侧时，所选的谐振回路频率为 8.2MHz 左右，此时功放可用于构成无线收发系统。K03 用于控制功放是由天线 ANT01 发射输出还是直接通过电缆 P03 输出的。

P02 为音频信号输入口。功放工作于欠压状态，加入音频信号时，可利用功放进行基极调幅。TP03 为功放集电极测试点，TP04 为发射极测试点（可在该点测试电流脉冲波形），TP05 用于测量负载电阻大小。

注意：当输入信号为调幅波时，Q02 不能工作在 C 类状态，因为调幅波在波谷时，幅度较小，Q02 可能不导通，导致输出严重失真。此时，K01 必须拨至左侧，使 Q02 工作在 A 类状态。

2.2.4　实验内容与步骤

1. 硬件焊接与调试

按照原理图和相关参数焊接电路。多用表选择二极管挡测试电路板的短路情况，确定没有问题后，接通电源，此时电源指示灯亮。

2. 测量静态工作点（U_{BQ}、U_{EQ}、U_{CQ}），观察输入输出各点电压波形

（1）K02 置右侧，保持集电极电源电压 U_C 为 6V（用多用表测 TP03 直流电压，调 RU01）、负载电阻 R_L 为 8kΩ（用多用表测 TP05 电阻，调 W01），测量静态工作点（U_{BQ}、U_{EQ}、U_{CQ}）。

（2）输入施加 500mVpp、1.9MHz 正弦波信号，示波器 CH1、CH2 分别测量、观察 TP03 和 TP04 点电压波形；调整输入信号频率，使功放谐振即 TP03 输出电压幅度最大。

实验现象、数据和结论：

3. 测试 C 类功放的工作状态

1）激励电压 U_b 对放大器工作状态的影响

保持上述 2 的状态不变，改变输入信号幅度（改变激励信号电压 U_{bm}），观察 TP04 电压波形，应观察到欠压、临界、过压脉冲波形。

实验现象、数据和结论：

2）集电极电源电压 U_C 对放大器工作状态的影响

保持激励电压 U_{bm}（TP01 电压为 200mVpp）、负载电阻 R_L=8kΩ 不变，改变功放集电极电压 U_C（调整 RU01 电位器，使 U_C 在 5～10V 范围内变化），观察 TP04 电压波形。

实验现象、数据和结论：

3）负载电阻 R_L 变化对放大器工作状态的影响

保持功放集电极电压 U_C 为 6V，激励电压（TP01 点电压、150mVpp）不变，改变负载

电阻 R_L（调整 W01 电位器）观察 TP04 电压波形。

实验现象、数据和结论：

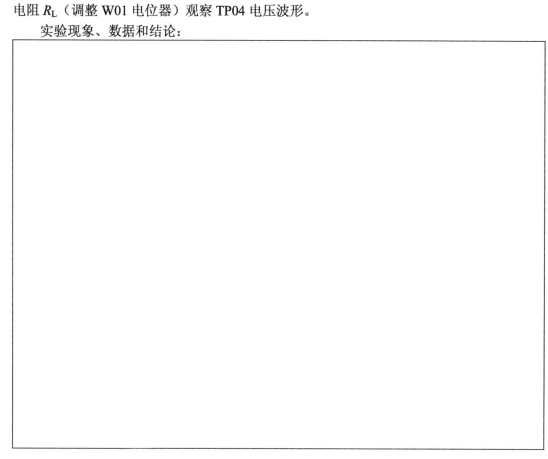

4. 测试 C 类功放的调谐特性

K02 置左侧，K01 置右侧。前置级输入信号幅度为 600mVpp。频率为 7.2～9.2MHz，用示波器测出 TP03 的电压值，并填入表 2.2 中，画出电压与频率的关系曲线。

表 2.2　测量调谐放大器的幅频特性（扫频法）

输入电压 频率 f/MHz	7.2	7.5	7.8	8.0	8.2	8.4	8.7	9.0	9.2
输入电压幅值 U_i/mV									
输出电压幅值 U_o/mV									

5. 测试 C 类功放的调制特性

保持上述 3 的状态，调整函数信号发生器输出信号频率，使功放谐振，即让 TP03 点输出幅度最大。然后从 P02 输入正弦波调制信号，用示波器观察 TP03 的波形。此时，该点波形应为调幅波，改变调制信号的幅度，输出调幅波动调制度应发生变化。改变调制信号的频率，调幅波的包络也随之变化。

实验现象、数据和结论：

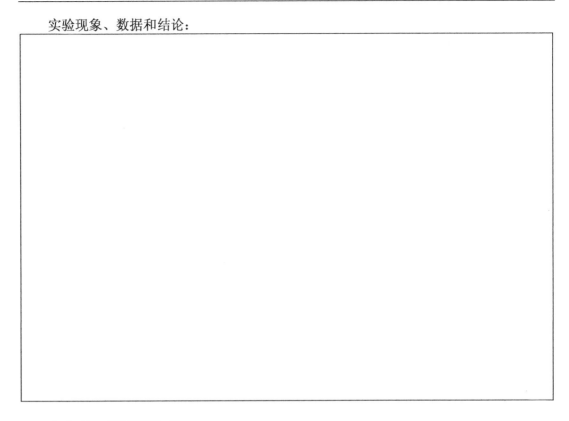

2.2.5　预习要求

（1）复习高频调谐功率放大器的工作原理及特点。

（2）熟悉 C 类高频调谐功率放大器的功率与效率计算方法。

（3）阅读本节内容，熟悉高频调谐功率放大器的实验电路和完整实验过程。

（4）（选做）结合高频调谐功率放大器的 Multisim 仿真设计进行电路仿真。

2.2.6　实验报告

（1）按照实验报告标准格式撰写实验报告。

（2）写明实验目的，画出实验电路，计算直流工作点。

（3）写出完整实验操作步骤，写明实验所用仪器、设备，记录实验测试条件与结果数据，将各项数据用表格的形式列出。

（4）画出 C 类调谐功率放大器基极、集电极电压、电流波形，观察并分析波形特点。

（5）整理实验数据，根据实验结果分析 C 类功率放大器的工作特点。

（6）总结本实验体会。

2.2.7　思考题

（1）为什么高频应用可以采用 C 类功率放大器，而低频应用时不可以？

（2）为什么 C 类功率放大器集电极输出脉冲电流，而输出电压却是正弦波？

2.3 高频正弦波 LC 振荡器

在无线通信系统中，振荡器是无线电发送设备的心脏，用来产生运载调制信号的载波；在超外差接收机中，振荡器用来产生本地振荡信号。

2.3.1 实验目的

（1）理解反馈式 LC 振荡器的振荡条件。

（2）掌握电容三点式 LC 振荡电路的实验原理和工作过程。

（3）了解静态工作点、耦合电容、反馈系数、品质因数对振荡器振荡幅度和频率的影响。

（4）了解负载变化对振荡器振荡幅度的影响。

2.3.2 实验仪器与设备

（1）克拉波和西勒振荡器实验电路板，1 块。

（2）直流稳压电源，1 台。

（3）函数信号发生器，1 台。

（4）数字多用表，1 块。

（5）数字示波器，1 台。

2.3.3 实验原理

1. 基本概念

振荡器是一种能够自动将直流电能转换为所需要的交流电能的能量转换电路。与放大器不同的是，振荡器不需要外加输入信号或不受外加输入信号的控制，就能产生具有一定波形、频率和振幅的交流信号。

正弦波振荡器用途广泛，根据应用特点大致分为两类：一类是频率输出；另一类是功率输出。在无线通信领域，它是无线电发送设备的心脏，用来产生运载信号的载波；在超外差接收机中，振荡器用来产生"本地振荡"信号；在电子测量领域是信号源、频率计等的核心部分，这些应用中，输出信号的准确度和稳定度是振荡器的主要性能指标；在工业生产中，高频加热、超声焊接及电子医疗器械等场合也都广泛应用振荡器。这些应用中，高效率输出大功率则是对振荡器的主要要求。

根据输出波形的不同，可以将振荡器分为正弦波振荡器和非正弦波振荡器或张弛振荡器（能产生矩形、三角形、锯齿形等振荡电压）。而正弦波振荡器又可按频率划分为低频振荡器、高频振荡器和微波振荡器。表 2.3 列出了几种基本结构不同的频率输出型振荡器。

表2.3 振荡器分类

划分依据	结构类型	拓扑结构	电路构成	功能和应用特点
基本结构	环形振荡器	反相器级联	（1）采用 CMOS 反相器构成奇数级振荡环路 （2）采用 MOS 差分放大器，环路级数既可以为奇数，也可以采用偶数 （3）环形压控振荡器	在频率综合器、时钟恢复电路中使用，易于电路集成，但相位噪声较高
	LC振荡器	反馈式	（1）一般由放大器、LC 选频网络和正反馈网络三部分构成 （2）互感反馈、电容、电感反馈三点式 （3）晶体 LC 振荡器 （4）LC 回路压控振荡器	用于产生较高频率正弦波，引入晶体后振荡器频率更稳定
		负阻式	具有负阻特性的器件和 LC 谐振回路构成	主要工作在 100MHz 以上的超高频段
	RC振荡器	反馈式	（1）反相型施密特触发器和 RC 选频网络反馈构成方波、矩形波振荡器 （2）同相型施密特触发器和反相积分器构成三角波、锯齿波振荡器	用于产生方波、矩形波、三角形波、锯齿波等。振荡频率低；频率稳定度差

反馈式是重要的振荡电路拓扑结构，其中应用最广泛的是三点式 LC 正弦波振荡器和石英晶体振荡器。

2. 原理电路

1）三点式振荡器电路模型

"射同集（基）反"是三点式振荡器的组成原则，如图 2.10 所示。与发射极连接的两个电抗元件性质必须相同，集电极—基极之间电抗元件则性质相反。

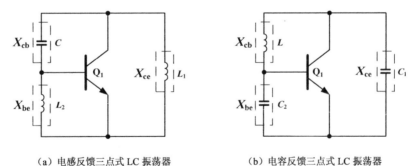

（a）电感反馈三点式 LC 振荡器　　　　（b）电容反馈三点式 LC 振荡器

图 2.10 三点式 LC 振荡器的两种典型电路模型

相比图 2.10（a）所示的振荡器，图 2.10（b）所示的振荡器输出波形更好，因此更具有吸引力，其典型代表为克拉波振荡器和西勒振荡器。

（1）克拉波振荡器。在电容反馈三点式振荡器振荡回路中，引入可调小电容 C 即可构成克拉波振荡器，其原理电路和交流通路如图 2.11 所示。

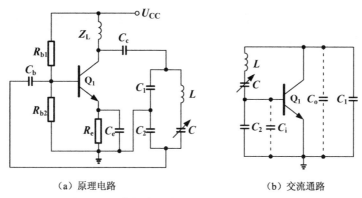

（a）原理电路　　　　　　　　　（b）交流通路

图 2.11　克拉波振荡器原理电路和交流通路

选取回路元件 $C_1 \gg C$，$C_2 \gg C$ 时，电路振荡频率可求解为 $f_o \approx \dfrac{1}{2\pi\sqrt{LC}}$，完全由振荡回路元件 L 和 C 决定，晶体管极间电容 C_i 与 C_o 对振荡器频率稳定性的影响可以忽略。电容 C 可调，则振荡频率可变，因而克拉波振荡器可用作直接调频电路。但 C 取值太小，也极大地限制了振荡频率的调谐范围。

（2）西勒振荡器。在克拉波振荡器的基础上，先并联一个可调电容 C，再串联小电容 C_3，即可构成西勒振荡器，其原理电路和交流通路如图 2.12 所示。

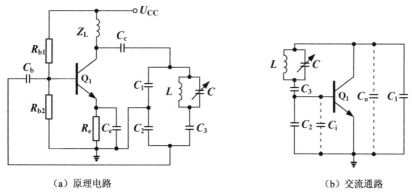

（a）原理电路　　　　　　　　　（b）交流通路

图 2.12　西勒振荡器原理电路和交流通路

若选取回路元件 $C_1 \gg C_3$，$C_2 \gg C_3$，则 $C_\Sigma \approx C + C_3$，振荡频率 $f_o \approx \dfrac{1}{2\pi\sqrt{L(C+C_3)}}$，同样可以消除晶体管极间电容的影响，同时，没有对电容 C 提出约束，因此增大了振荡器的调频范围。

注意：虽然克拉波振荡器电路和西勒振荡器电路能够有效抑制晶体管极间电容对频率稳定度的影响，但是由于选频网络还是 LC 元件，因此回路的标准性仍然较差，Q 值较低。在频率稳定度要求更高的场合，更多地采用石英晶体振荡器。

2）石英晶体振荡器

以石英晶体谐振器（石英晶体）取代电感组成石英晶体振荡器（晶振）。石英晶体具有两种谐振频率：并联谐振频率和串联谐振频率，并且 Q 值很高，晶振频率稳定度可达 $10^{-11} \sim 10^{-10}$ 量级。

晶振结构之一为并联型，又称 Pierce 晶振，如图 2.13 所示。石英晶体工作在串联和并联谐振频率之间，作为高 Q 值等效电感元件使用。

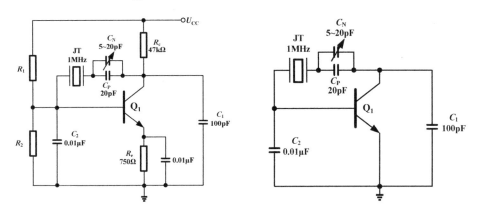

图 2.13　Pierce 晶振实用电路

外接电容 C_P、C_N（归并为电容 C）的变化对振荡频率的影响分析如下。

① 若可调电容 C 取值很大（理想值趋于 ∞）时，总电容 $C_\Sigma \approx C_q$，振荡频率和石英晶体的串联谐振频率趋于相同。

② 若可调电容 C 取值很小（理想值趋于 0）时，总电容 $C_\Sigma \approx \dfrac{C_0 C_q}{C_0 + C_q}$，振荡频率和石英晶体谐振器的并联谐振频率趋于相同。

可见，无论外接电容 C_P、C_N 如何调节，皮尔斯振荡器的工作频率 f_0 始终处于石英晶体谐振器的串联谐振频率 f_s 和并联谐振频率 f_p 之间。

晶振结构之二为串联型，如图 2.14 所示。石英晶体作为高选择性短路元件使用，连接在晶体三极管任意一个电极（c、b 或 e）和振荡回路的 3 个端点（A、B 或 C）之间，作为具有高选择性的短路元件使用。

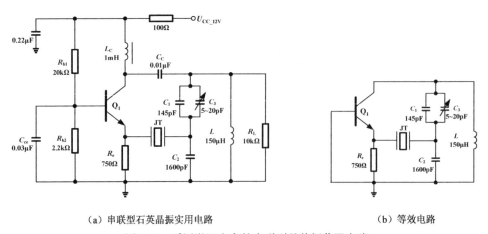

（a）串联型石英晶振实用电路　　　　　　　　　　（b）等效电路

图 2.14　采用微调电容的串联型晶体振荡器电路

只有当振荡频率为石英晶体的串联谐振频率时，石英晶体近乎短路，电路作为电容三点式振荡器正常工作；当振荡频率偏离石英晶体的串联谐振频率时，石英晶体的阻抗迅速增大，电路停止振荡。

3. 实验电路

1）电路一：LC 振荡器

改进型克拉波振荡器和西勒振荡器实验电路如图 2.15 所示。

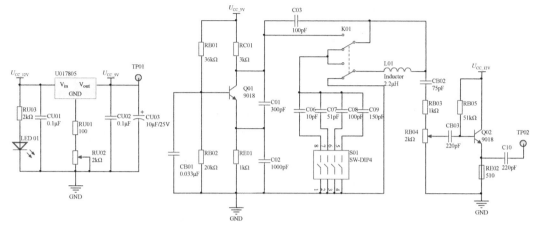

图 2.15　改进型克拉波振荡器和西勒振荡器实验电路

图中，开关 K01 用于选择改进型克拉波振荡电路或改进型西勒振荡电路；开关 S01 控制回路电容的变化；调整 RU02 可改变振荡器三极管的电源电压；Q02 为射极电压跟随器，TP02 为振荡器直流电压测量点；RB04 用来改变输出幅度。

2）电路二：石英晶体振荡器

图 2.16 所示为石英晶体振荡器实验电路。图中，R03、C02 为去耦元件；C01 为旁路电容，使振荡器构成共-基电路结构；W01 用以调整振荡器的静态工作点（主要影响起振条件）；C05 为输出耦合电容；Q02 为射极电压跟随器，用以提高带负载能力。

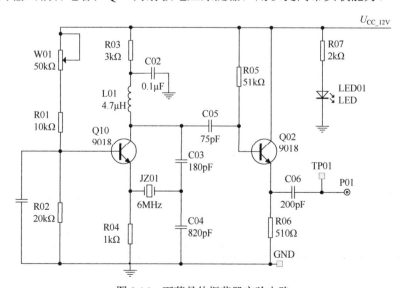

图 2.16　石英晶体振荡器实验电路

2.3.4 实验内容与步骤

1. 硬件焊接与调试

按照原理图和相关参数焊接电路。多用表选择二极管挡测试电路板的短路情况，确定没有问题后，接通电源，此时电源指示灯亮。

2. 测量LC振荡器的幅频特性

1）克拉波振荡器的幅频特性

示波器和频率计接振荡器输出口 TP02。电位器 RB04 逆时针调到底，使输出最大。拨动开关 K01，选择振荡电路结构为克拉波电路。S01 分别控制 C06（10pF）、C07（50pF）、C08（100pF）、C09（150pF）接入电路，开关往上拨为接通，往下拨为断开。4 个开关接通的不同组合，可以控制电容的变化。例如，S01 的第 1、2 位往上拨，其接入电路的电容为 10pF+50pF=60pF。将测量结果记入表 2.4 中。

表 2.4　测量克拉波振荡器的幅频特性

电容 C/pF	10	50	100	150	200	250	300	350
振荡频率 f_0/MHz								
输出电压幅值 U_o/mV								

注意：如果在开关转换过程中振荡器停振、无输出，可调整 R_{U02}，使之恢复振荡。

实验现象、数据和结论：

2）西勒振荡器的幅频特性

开关 K01 设置振荡电路转换为西勒电路。按照上述方法，测出振荡频率和输出电压，并将测量结果记入表 2.5 中。

表 2.5　测量西勒振荡器的幅频特性

电容 C/pF	10	50	100	150	200	250	300	350
振荡频率 f_0/MHz								
输出电压幅值 U_o/mV								

实验现象、数据和结论：

```




```

3. 测量石英晶体振荡器的工作特性

1）观察晶振的工作波形

设置实验初始条件：U_{EQ}=2.5V（调 W01 达到），把示波器探头接到 TP01 端，观察振荡波形。

实验现象、数据和结论：

```




```

2）测量静态工作点对振荡器工作的影响

调节电位器 W01 以改变晶体管静态工作点 I_{EQ}，并测量相应的振荡电压峰-峰值 Vpp，读取相应的频率值，填入表 2.6 中。

表 2.6　测量静态工作点对振荡器工作的影响

U_{EQ}/V	2.0	2.2	2.4	2.6	2.8	3.8		
振荡频率 f_0/MHz								
输出电压幅值 U_o/V$_{pp}$								

实验现象、数据和结论：

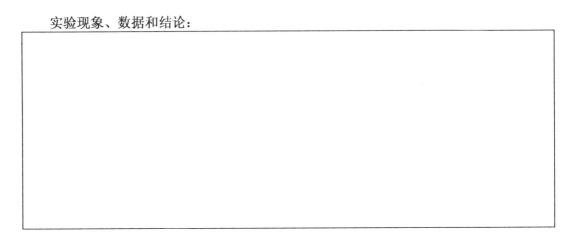

2.3.5　预习要求

（1）复习反馈式 LC 振荡器的电路结构、工作原理和性能指标。

（2）熟悉小信号调谐放大器的增益、通频带、选择性等参数计算及相互间的关系。

（3）阅读本节内容，熟悉小信号调谐放大器的实验电路和完整实验过程。

（4）（选做）结合高频正弦波 LC 振荡器的 Multisim 仿真设计进行电路仿真。

2.3.6　实验报告

（1）按照实验报告标准格式撰写实验报告。

（2）写明实验目的，画出实验电路。

（3）写出完整实验操作步骤，写明实验所用仪器、设备，记录实验测试条件与结果数据，将各项数据用表格的形式列出。

（4）分别绘制克拉波振荡器、西勒振荡器的幅频特性曲线，并分析比较。

（5）根据实验测量数据，分析静态工作点、负载电阻等因素对晶体振荡器振荡幅度和频率的影响，并阐述原因。

（6）比较晶体振荡器与 LC 振荡器在静态工作点的影响、带负载能力等，并分析其原因。

（7）总结本实验体会。

2.3.7　思考题

（1）振荡器的输出电压波形是如何产生的？试简要阐述这一过程。

（2）影响振荡器平衡状态的因素主要有哪些？如何提高振荡器的稳频能力？

2.4　振幅调制电路

声音是最直接的信息交流方式，但是在通信系统中，音频频率较低，不能通过天线有效辐射，即使在自由空间中传播也不能避免频道之间的相互干扰，需要频段划分，调制技术是解决天线辐射与频段划分的关键技术，将音频信号搬移到高频段，被高频信号携带进行传播。

2.4.1　实验目的

（1）通过实验，进一步理解振幅调制的基本概念、性质和性能特点。

（2）掌握模拟乘法器的功能和使用方法，并进一步了解采用模拟乘法器实现振幅调制的工作原理。

（3）理解振幅调制特性及调幅系数的测试方法。

（4）通过实验过程中的波形变换，学会分析实验现象。

2.4.2　实验仪器与设备

（1）实验电路板，1 块。

（2）直流稳压电源，1 台。

（3）函数信号发生器，1 台。

（4）数字多用表，1 块。

（5）数字示波器，1 台。

2.4.3　实验原理

1. 振幅调制的概念

使用被传输的低频信号去控制高频振荡信号，使振荡信号的幅度随着低频信号的变化而正比变化，从而实现将低频信号搬移到高频段，被高频信号携带并有效进行远距离传输的目的，这样的过程称为振幅调制。实现调制的装置称为振幅调制器。

振幅调制包括普通调幅（Amplitude Modulation，AM）、抑制载波双边带调幅（Double Side Band AM，DSB）、抑制载波单边带调幅（Single　Side Band AM，SSB）和残留单边带调幅（Vestigial Single Side Band AM，VSB）。

2. 振幅调制的数学原理

通信上的低频信号主要是音频（调制信号），高频振荡信号主要采用高频正弦波（载波）。为简化实验，验证原理，在实验中，调制信号一般采用单音频正弦波（音频则为多种频率正弦波的叠加信号），即调制信号为 $u_\Omega(t) = U_{\Omega m} \cos \Omega t$，载波为 $u_c(t) = U_{cm} \cos \omega_c t$。

（1）AM 调幅时：调制信号将比例系数 k_a 加载到载波幅度 U_{cm} 上，即 $U_{cm} + k_a U_{\Omega m} \cos \Omega t$，整理后得到 AM 波数学表达式（2.1）。

$$u_{AM}(t) = U_{cm}(1 + m_a \cos \Omega t) \cos \omega_c t \tag{2.1}$$

式中，$m_a = \dfrac{k_a U_{\Omega m}}{U_{cm}}$，为调幅系数（也称为调幅度），描述载波振幅受调制信号控制的强弱程度。AM 调幅过程中，输入输出信号的时域波形如图 2.17 所示。

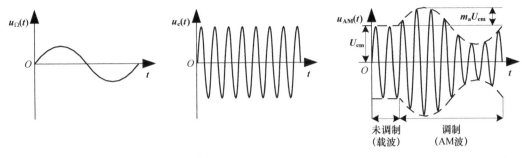

（a）调制信号（单音频）　　　（b）载波（高频振荡）　　　（c）输出波形（未调制与调制状态）

图 2.17　AM 调幅过程中的时域波形

一般 $0 < m_a \leqslant 1$，$m_a = 0$ 时未调制；m_a 值越大，调幅越深；若 $m_a = 1$，则达到最大值，称为百分之百调幅；若 $m_a > 1$，则包络出现过零点，上下包络不再反映调制信号的变化，称为过调幅，如图 2.18 所示。

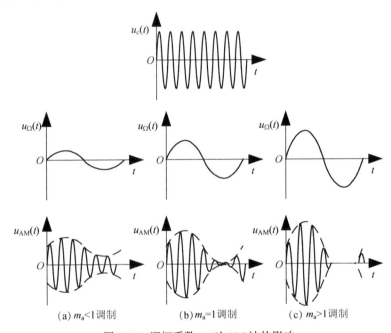

（a）$m_a < 1$ 调制　　　　（b）$m_a = 1$ 调制　　　　（c）$m_a > 1$ 调制

图 2.18　调幅系数 m_a 对 AM 波的影响

由式（2.1）可知，单音频调制 AM 波的频谱如图 2.19 所示。

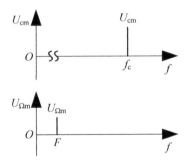

图 2.19　单音频调制 AM 波的频谱

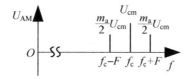

图 2.19　单音频调制 AM 波的频谱（续）

调制过程是实现频谱线性搬移的过程；载频仍保持调制前的频率和幅度，因此它没有反映调制信号信息，只有两个边带携带调制信号信息。AM 波的带宽 $B_{AM}=2F$；载波功率为 $P_c=\dfrac{1}{2}\dfrac{U_{cm}^2}{R_L}$，边频功率为 $P_1=P_2=\dfrac{1}{2}\left(\dfrac{m_a}{2}U_{cm}\right)^2\dfrac{1}{R_L}=\dfrac{1}{4}m_a^2 P_c$；在调制信号一周期内，调幅信号的平均功率为 $P=P_c+P_1+P_2=\left(1+\dfrac{m_a^2}{2}\right)P_c$。

（2）DSB 调幅时：调制信号与载波信号时域直接相乘，即 $u_{DSB}(t)=AU_{\Omega m}\cos\Omega t U_{cm}\cos\omega_c t$，整理后得到 DSB 波数学表达式（2.2）。

$$u_{DSB}(t)=\frac{1}{2}AU_{\Omega m}U_{cm}\cos(\omega_c\pm\Omega)t \tag{2.2}$$

DSB 调幅过程中，输入输出信号的时域波形如图 2.20 所示。

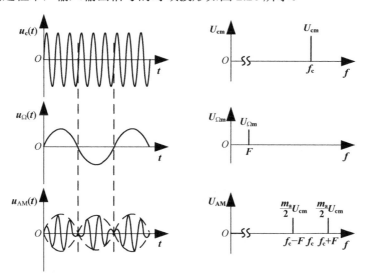

图 2.20　DSB 调幅过程中的时域波形

载频功率为零，DSB 波的带宽 $B_{DSB}=2F$。

（3）SSB 调幅时：调制原理和 DSB 相同，差别在于调制后的滤波器参数设计，只选取上边频或下边频，得到 SSB 波数学表达式（2.3）。

$$u_{DSB}(t)=\frac{1}{2}AU_{\Omega m}U_{cm}\cos(\omega_c+\Omega)t \tag{2.3}$$

3. 振幅调制的原理电路

1）集电极振幅调制电路（基于 C 类功放的高功率电平调制）

C 类功放的基极偏置电压 U_B 和集电极电源电压 U_C 具有调制特性，利用该特性实现集电极振幅调制电路如图 2.21 所示。

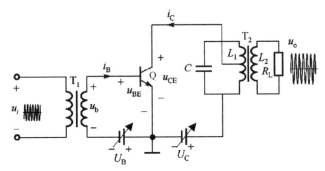

图 2.21　C 类功放构成的振幅调制电路

由 C 类功放工作特性可知，欠压时，其工作状态随 U_B 变化，而弱过压时，则随 U_C 变化，这称为 C 类功率放大器的基极和集电极调制特性。U_B 和 U_C 变化引起功放管输出电流的波形变化如图 2.22 所示。

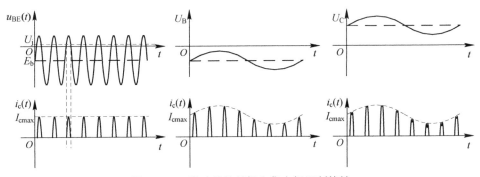

图 2.22　C 类功放的基极和集电极调制特性

功放电路输出信号电平较高，这种方法又称为高电平调幅。

2）集成振幅调制电路（基于模拟乘法器的低功率电平调制）

MC1496/MC1596 是常用集成模拟乘法器，其调幅应用电路如图 2.23 所示。

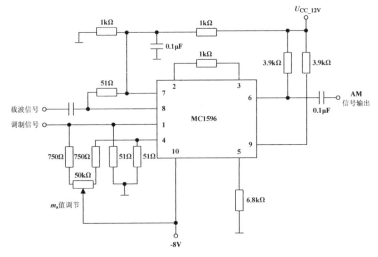

图 2.23　集成模拟乘法器构成的调幅应用电路

乘法器输出信号电平不高，这种方法又称为低电平调幅。

4. MC1496 调幅实验电路

用模拟乘法器 MC1496 构成的振幅调制电路如图 2.24 所示。图中，用电位器 RP2 来调节引脚之间的平衡，三极管为射极跟随器，以提高振幅调制器带载能力。

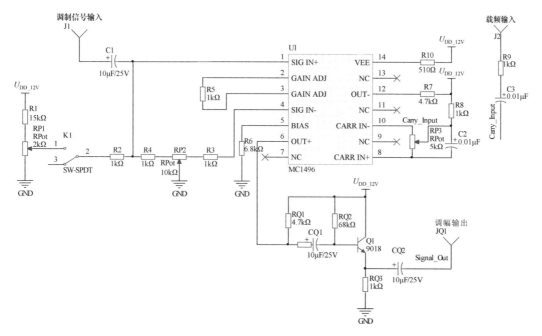

图 2.24　MC1496 构成的振幅调制电路

2.4.4　实验内容与步骤

1. 实验电路搭建

按照原理图和相关参数焊接电路。多用表选择二极管挡测试电路板的短路情况，确定没有问题后，接通电源，此时电源指示灯亮。

函数信号发生器通道 1 输出调制信号：1kHz、500mVpp 正弦波（示波器监测）；通道 2 输出载波信号：2MHz、500mVpp 正弦波（示波器监测）。

2. 失调调零（交流馈通电压的调整）

输入失调调零，即输入失调电压的调整。集成模拟乘法器在使用之前必须进行输入失调调零，其目的是使乘法器调整为平衡状态。开关 K1 断开，切断直流电压。交流馈通电压是指乘法器的一个输入端加上信号电压，而另一个输入端不加信号时输出电压，这个电压越小越好。

1）载波输入端输入失调电压调节

函数信号发生器输出的调制信号加到音频输入端 J1，载波输入端不加信号，示波器监测 JQ1 的输出波形，调节电位器 RP2 使输出信号最小。

实验现象、数据和结论：

2）调制输入端输入失调电压调节

函数信号发生器输出的载波信号加到载波输入端 J2，而音频输入端不加信号。示波器监测 JQ1 的输出波形，调节电位器 RP3 使输出信号最小。

实验现象、数据和结论：

3. 振幅调制正常输出波形观察

1）AM 信号波形（$0 \leqslant m_a \leqslant 1$）

在调制输入、载波输入端已进行输入失调电压调整的基础上，开关 K1 关闭，进入正常 AM 调幅状态。载波频率仍设置为 2MHz、500mVpp，调制信号频率为 1kHz、600mVpp。

示波器 CH1 连接 1TP02、CH2 连接 1TP03，观察调制输出波形，绘制波形，记录波形数据，并分析波形特点。

实验现象、数据和结论：

实验过程中还需要进行以下实验内容。

① 调节调节电位器 RP2，改变调制度 m_a 的大小，观察波形变化，记录波形数据。

② 改变调制信号的频率及幅度，观察波形变化，记录波形数据。

2）DSB 信号波形

将载波接入输入端 J2，低频调制信号接入音频输入端 J1。示波器 CH1 接入调制信号，示波器 CH2 接入调幅输出端 JQ1，观察调制信号及其对应的 DSB 信号波形。如果观察到的 DSB 波形不对称，那么应微调 RP3 电位器，并记录波形数据。

实验现象、数据和结论：

实验过程中还需要进行以下实验内容。

① DSB 信号波形的反相点观察：其他参数不变，降低载波频率（100kHz），记录波形数据。

② DSB 信号波形与载波波形的相位比较：观察并分析波形特点。

4. 振幅调制输出波形失真

1）AM 波不对称失真

在 AM 正常波形调整的基础上，改变电位器 RP3，可观察到调制不对称的情形，最后仍调到调制度对称的情形。示波器观察不对称调幅波波形，并记录波形数据。

实验现象、数据和结论：

2）AM 波过调失真

调整电位器 RP3，使电路输出正常 AM 波形，载波频率为 2MHz、幅度为 500mVpp，调制信号频率为 1kHz、幅度为 600mVpp，示波器 CH1 连接 J1、CH2 连接 JQ1。调整 RP2 使调制度为 100%，然后增大调制信号的幅度，可以观察到过调制时的 AM 波形，并与调制信号波形作比较。

实验现象、数据和结论：

5. 调制度 m_a 的测量

AM 调制时，调制度 m_a 决定调幅波的包络变化。通过直接测量调制包络来测出 m_a。将被测的调幅信号加到示波器 CH1 或 CH2 上，并使其同步。调节时间旋转使荧光屏显示几个周期的调幅波波形，如图 2.25 所示。根据 m_a 的定义，测出 A、B，利用式（2.4）即可得到 m_a 的值。

$$m_a = \frac{A-B}{A+B} \times 100\% \tag{2.4}$$

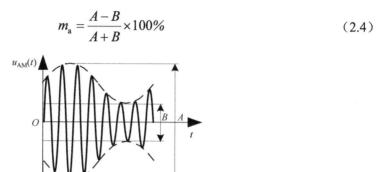

图 2.25　调幅波波形

知识贴士：

m_a 是 AM 调制的重要参数之一，对发射机而言，影响发射效率；对接收机而言，m_a 越大越容易造成二极管包络检波输出的波形失真（如放电失真、割底失真等）。

实验现象、数据和结论：

2.4.5　预习要求

（1）复习振幅调制的方法、电路结构、工作原理和性能指标。

（2）熟悉 C 类功放的调制特性，以及利用 C 类功放实现高功率电平振幅调制的电路组成和工作原理。

（3）掌握模拟乘法器实现调幅的电路组成和工作原理。

（4）阅读本节内容，熟悉 MC1496 构成的振幅调制电路和完整实验过程。

（5）（选做）结合振幅调制电路的 Multisim 仿真设计进行电路仿真。

2.4.6　实验报告

（1）按照实验报告标准格式撰写实验报告。

（2）写明实验目的，画出实验电路，标注元器件值。

（3）画出调制信号、载波信号和调幅波信号的理论波形，并结合输入信号参数计算调幅系数 m_a 的理论值。

（4）写出完整实验操作步骤，写明实验所用仪器、设备，记录实验测试条件与结果数据，将各项数据用表格的形式列出。

（5）整理实验数据，比较调幅系数 m_a 的理论值和实验测量值。

（6）总结本实验体会。

2.4.7　思考题

（1）在直流调制特性测量时，如果不进行载波输入端平衡调整，则直流调制波形将会如何？试分析其原因。

（2）在全载波调制，当调制系数 m_a 变化时，已调信号波形也随着发生变化，试分析其原因。

（3）在抑制载波调幅时，为什么调制端调制平衡时，才可以抑制载波？

（4）区分叠加波和普通调幅波之间的区别。

2.5　振幅解调电路

振幅解调是振幅调制的反过程，是从高频调幅波中取出原调制信号的过程，振幅解调电路的作用是将调制信号频谱不失真地搬回到原来的位置，是一种频谱搬移电路。

2.5.1　实验目的

（1）掌握 AM、DSB 等调幅波的常用解调方法和应用特点。

（2）理解包络检波器的电路结构，实现 AM 波解调工作原理；理解滤波电容数值对 AM 波解调影响；理解包络检波器只能解调 $m_a \leqslant 100\%$ 的 AM 波，而不能解调 $m_a > 100\%$ 的 AM 波及 DSB 波的概念。

（3）掌握同步检波器实现 AM 波和 DSB 波解调的方法，掌握 MC1496 模拟乘法器实现的同步检波器，并理解同步检波器适用 AM 波和 DSB 波的概念。

（4）了解振幅解调电路输出端的低通滤波器对 AM 波解调、DSB 波解调的影响。

2.5.2　实验仪器与设备

（1）二极管包络检波实验电路板，1 块。
（2）模拟集成乘法器同步检波实验电路板，1 块。
（3）直流稳压电源，1 台。
（4）函数信号发生器，1 台。
（5）数字多用表，1 块。
（6）数字示波器，1 台。

2.5.3　实验原理

1. 基本概念

不失真地从高频已调波中恢复出调制信号，从而实现将振幅调制信号中携带传播的低频信号线性搬回低频段的目的，这样的过程称为振幅解调，也称为检波。实现解调的装置称为振幅解调器。振幅解调一般采取包络检波、同步检波等方式，前者适用于大信号 AM 波的解调，后者适用于所有振幅调制波。

2. 原理电路

1）二极管峰值包络检波器

原理电路如图 2.26（a）所示。由二极管和 RC 滤波器组成，利用二极管的单向导电性和检波负载 RC 的充放电作用实现 AM 波的振幅解调。电路工作过程的波形变化如图 2.26（b）所示。

原理过程：当输入 AM 电压信号 $u_i(t)$ 向波峰变化时，一旦大于电容 C 上的电压 $u_o(t)$，检波二极管 V_D 将导通，电容 C 开始充电。由于 V_D 的导通电阻很小，充电很快，C 上电压 $u_o(t)$ 随 $u_i(t)$ 增大而增大；当输入 AM 电压信号 $u_i(t)$ 向波谷变化时，一旦小于电容 C 上的电压 $u_o(t)$，检波二极管 V_D 将截止，电容 C 开始放电。由于电阻 R_L 较大，放电很慢，C 上电压 $u_o(t)$ 缓慢减小。电容 C 上的电压随着 AM 波的变化快充慢放，因此电压值基本与 AM 波的波峰变化一致，即与 AM 波的包络相同，实现包络解调。

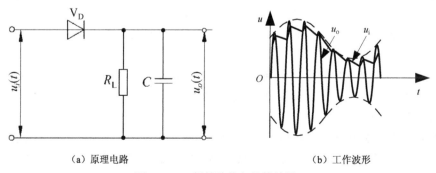

（a）原理电路　　　　　　　　　　　　　　（b）工作波形

图 2.26　二极管峰值包络检波器

对二极管包络检波器来说，快电慢放有利于提高检波效率，但是放电过慢易产生对角线失真。

2）同步检波器

图 2.27 所示为同步检波器的原理电路，主要由模拟乘法器和低通滤波器组成。解调对象可以是任意一种调幅信号，如 DSB 调幅波，$u_r(t)$则是与调幅载频同频同相的参考信号。

图 2.27 同步检波器的原理电路

输入 DSB 波信号与参考信号相乘，过程如式（2.5）所示。输出信号中产生原调制信号频率（Ω 频率），利用低通滤波器选择输出，实现检波。

$$u_o(t) = u_{DSB}(t) \cdot u_r(t) = kU_{\Omega m}U_{cm}\cos\Omega t\cos\omega_c t \cdot k_1 U_{rm}\cos\omega_c t$$
$$= \frac{k_1 k U_{rm} U_{\Omega m} U_{cm}}{2}[\cos\Omega t + \frac{1}{2}\cos(2\omega_c + \Omega)t + \frac{1}{2}\cos(2\omega_c - \Omega)t] \tag{2.5}$$

同步检波的优点：避免包络检波中的惰性失真问题。

同步检波的必需条件（乘法器实现同步检波）：接收机需要一个与载频同频同相的参考信号，该信号与调幅波相乘后经由低通滤波器输出。

3. 实验电路

1）二极管峰值包络检波器

二极管包络检波器是包络检波器中最简单、最常用的一种电路，原理电路如图 2.28 所示。包络检波器适合解调信号电平较大（俗称大信号，通常要求峰峰值为 1.5V 以上）的 AM 波，具有电路简单、检波线性好、易于实现等优点。

图 2.28 所示电路中，D01 为检波管，C02、R08、C03 构成低通滤波器，R09、W01 为二极管检波直流负载，W01 用来调节直流负载大小。开关 K01 是为二极管检波交流负载的接入与断开而设置的。K02 拨至左侧时接交流负载，拨至右侧时接后级放大。当检波器构成系统时，需与后级低频放大电路接通。Q03、Q04 对检波后的音频进行放大，放大后的音频由 P02 输出。因此，K02 可控制音频信号是否输出，W03 可调整输出幅度。

检波器电路利用二极管的单向导电性，使电路的充放电时间常数不同（实际上，相差很大）来实现检波。电路工作过程中，RC 时间常数的选择很重要。若 RC 时间常数过大，则会产生对角切割失真（也称惰性失真、放电失真）；若 RC 常数太小，则高频分量滤不干净、检波效率低。

当检波器的直流负载电阻与交流负载电阻不相等，而且调幅度 m_a 又相当大时，电路检波输出会产生底边切割失真（也称负峰切割失真）。

2）同步检波器

同步检波器也称相干检波，利用与调幅波载波同步（同频、同相）的一个恢复载波（又称基准信号、参考信号）与已调幅波相乘，再用低通滤波器滤除高频分量，从而解调得调制信号。本实验采用 MC1496 集成电路来组成解调器，如图 2.29 所示。

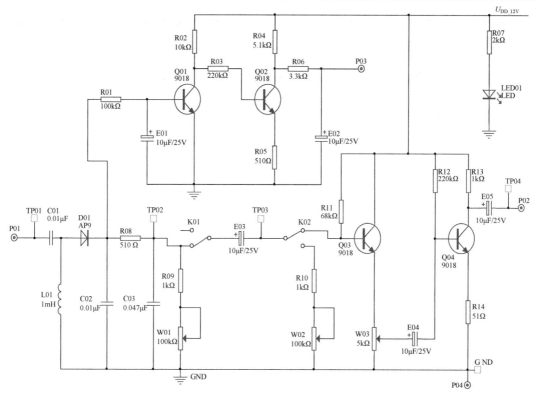

图 2.28 二极管峰值包络检波器原理电路

电路中，参考信号（和载波同频同相）先加到输入端 P01 上，再经过电容 C01 加在 MC1496 的 8、10 脚之间。调幅波加到输入端 P02 上，再经过电容 C02 加在 MC1496 的 1、4 脚之间。MC1496 相乘后的信号由 12 脚输出，再经过由 C05、C06、R12 组成的低通滤波器，滤除高频分量后，在解调输出端（P03）提取出调制信号。

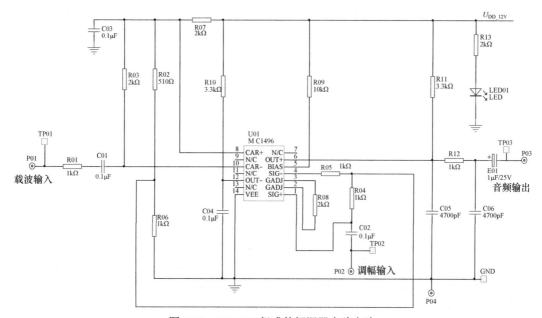

图 2.29 MC1496 组成的解调器实验电路

注意：本实验中 MC1496 采用单电源（+12V）供电，因而 14 脚需接地，且其他引脚也应偏置相应的正电位。

2.5.4 实验内容与步骤

1. 实验电路搭建

按照原理图和相关参数焊接电路。多用表选择二极管挡测试电路板的短路情况，确定没有问题后，接通电源，此时电源指示灯亮。

2. 二极管峰值包络检波器解调（AM 波的解调）

1）m_a=30%的 AM 波的解调

函数信号发生器输出 m_a=30%的 AM 波信号（利用示波器监测），调制信号为 1kHz、500mVpp 正弦波，载波信号为 2MHz、500mVpp 正弦波。

实验现象、数据和结论：

开关 K01 拨至右侧，K02 拨至放大输出。把上面得到的 AM 波加到包络检波器输入端 P01，在 TP02 观察到包络检波器的输出，并记录输出波形。

注意：为了更好地观察包络检波器的解调性能，可将示波器 CH1 连接包络检波器的输入端 TP01，而将示波器 CH2 连接包络检波器的输出端 TP02（下同）。调整 W01，使输出得到一个不失真的解调信号。

实验现象、数据和结论：

（1）观察对角线失真现象。保持以上输出，调节直流负载（W01），使输出产生对角失真，如果失真不明显，那么可以加大调幅度（调整 W01），画出其波形，并计算此时的 m_a 值。

实验现象、数据和结论：

（2）观察底部切割失真现象。当交流负载未接入前，先调节 W01 使解调信号不失真，然后接通交流负载，示波器 CH2 连接 TP03。调节交流负载的大小（W02），使解调信号出现割底失真，如果失真不明显，那么可加大调幅度（即增大音频调制信号幅度），画出其相应的波形，并计算此时的 m_a。

实验现象、数据和结论：

当出现底部切割失真后，减小 m_a（减小音频调制信号幅度）使失真消失，并计算此时的 m_a。

实验现象、数据和结论：

在解调信号不失真的情况下，将 K02 拨至右侧，示波器 CH2 连接 TP04，可观察到放大后的音频信号，调节 W03 音频幅度会发生变化。

实验现象、数据和结论：

2）m_a=100%的 AM 波的解调

调节 W01，使 m_a=100%，观察并记录检波器输出波形。

实验现象、数据和结论：

3）m_a>100%的 AM 波的解调

加大音频调制信号幅度，使 m_a>100%，观察并记录检波器输出波形。

实验现象、数据和结论：

3. 集成电路乘法器构成的同步检波器解调

1）AM 波的解调

函数信号发生器通道 1 输出调幅波，连接到振幅解调电路的输入端 P02。通道 2 输出解调电路的参考信号，连接到输入端 P01。示波器 CH1 连接 TP02，观察调幅波信号，CH2 连接同步检波器的输出 TP03，观察解调输出信号。

分别观察并记录当调制电路输出为 m_a=30%、m_a=100%、m_a>100%时 3 种 AM 波的解调输出波形，并与调制信号进行比较。

实验现象、数据和结论：

2）DSB 波的解调

在上述 1）的基础上，将函数信号发生器输出改为 DSB 波，并加入振幅解调电路的调幅波输入端，而其他连线均保持不变，观察并记录解调输出波形，并与调制信号作比较。改变调制信号的频率及幅度，观察解调信号有何变化。将调制信号改成三角波和方波，再观察解调输出波形。

实验现象、数据和结论：

2.5.5　预习要求

（1）复习振幅解调的方法、电路结构、工作原理和性能指标。

（2）熟悉包络检波过程中的对角线失真、底部切割失真现象。

（3）掌握模拟乘法器实现解调的电路组成和工作原理。

（4）阅读本节内容，熟悉采用二极管和模拟乘法器 MC1496 分别实现振幅解调的实验电路和完整实验过程。

（5）（选做）结合振幅解调电路的 Multisim 仿真设计进行电路仿真。

2.5.6　实验报告

（1）按照实验报告标准格式撰写实验报告。

（2）写明实验目的，画出实验电路，标注元器件值。

（3）画出不同 m_a 的 AM 信号、DSB 信号和相应解调输出信号的理论波形。

（4）写出完整实验操作步骤，写明实验所用仪器、设备，记录实验测试条件与结果数据，将各项数据用表格的形式列出。

（5）整理实验数据，比较不同 m_a 的 AM 调幅信号、DSB 调幅信号的实际解调输出和理论波形。

（6）总结本实验体会。

2.5.7　思考题

（1）抑制载波双边带调幅信号是否能够采用包络检波器进行检波？为什么？

（2）AM 信号检波可以采用包络检波和同步检波，试分析哪种方法更好，为什么？

（3）如果参考信号与载波不同频，或者不同相，有什么问题？

2.6　频率调制电路

频率调制是另一种模拟调制技术，相比于振幅调制，频率调制具有更好的抗干扰性能。

2.6.1　实验目的

（1）通过实验，加深理解频率调制的概念。

（2）了解变容二极管的工作特性，掌握变容二极管调频电路的原理。

（3）了解调频电路的调制特性及测量方法。

2.6.2　实验仪器与设备

（1）实验电路板，1 块。

（2）直流稳压电源，1 台。

（3）函数信号发生器，1 台。

（4）数字多用表，1 块。

（5）数字示波器，1 台。

2.6.3　实验原理

1. 频率调制的基本概念

使用被传输的低频信号（调制信号）去控制高频振荡信号（载波信号），使振荡信号的频率随着低频信号的变化而线性比例变化（调频波信号），从而实现将低频信号搬移到高频段，被高频信号携带并有效进行远距离传输的目的，这样的过程称为频率调制。实现频率调制的装置称为频率调制器（或调频器）。调频器一般采用直接调频或间接调频方式实现，前者电路以变容二极管器件（变容二极管器件是一种重要的可变电抗）为核心，后者则是积分器和调相器。本节实验采用直接调频方式，在 2.8 节还将介绍以锁相环为核心的调频电路。

2. 频率调制的数学原理

1）直接调频

设调制信号为 $u_\Omega(t) = U_{\Omega m} \cos \Omega t$，载波信号为 $u_c(t) = U_{cm} \cos \omega_c t$。调频时，载波高频振荡的瞬时频率随调制信号呈线性变化，其比例系数为 K_f，即

$$\omega(t) = \omega_c + K_f U_{\Omega m} \cos \Omega t = \omega_c + \Delta \omega_{max} \cos \Omega t$$

调频波的数学表达式为

$$u_{FM}(t) = U_{cm} \cos \int \omega(t) \mathrm{d}t = U_{cm} \cos(\omega_c t + m_f \sin \Omega t + \phi) \tag{2.6}$$

其中，$\Delta \omega_{max}$ 为调频波的最大频率偏移；m_f 为调频波的最大相位偏移。直接调频时域波形示意图如图 2.30 所示。

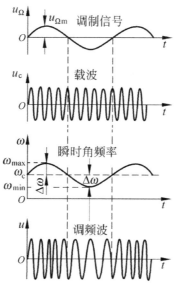

图 2.30　直接调频时域波形示意图

载波来自振荡器，因此，在振荡器的振荡回路中引入可变电抗，如图 2.31 所示，进而将调制信号作用于可变电抗，引起电抗变化，从而引起振荡频率的变化，实现调频。

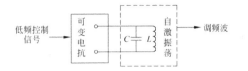

图 2.31 直接调频的原理

2）间接调频

从式（2.6）中还可以看出，将调制信号先积分，再调相，同样可以实现调频，间接调频的原理如图 2.32 所示（以单音频调制信号为例）。

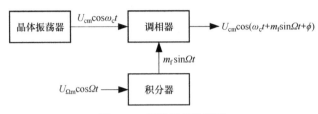

图 2.32 间接调频的原理

3. 频率调制的实验电路

以变容二极管器件为核心实现直接调频的实验电路如图 2.33 所示。图中，Q01 本身为电容三点式振荡器，它与 D01、D02（变容二极管）一起组成了直接调频器，变容二极管器件具有电压控制电容变化的特点；Q02 为放大器，Q03 为射极电压跟随器；W01 用来调节变容二极管偏压。

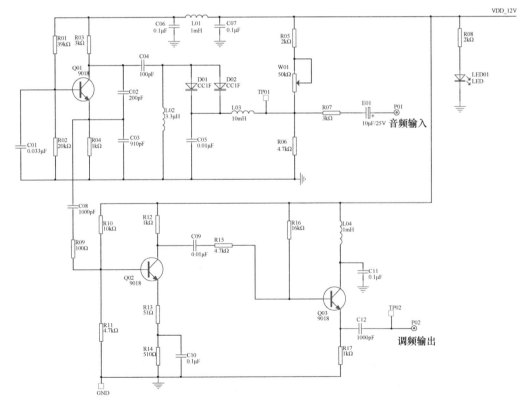

图 2.33 直接调频的实验电路

由图 2.33 所示电路可知，加到变容二极管 D01、D02 上的直流偏置为+12V 电源电压经由电阻 R05、W01 和 R06 分压后，从 R06 上得到电压，因而调节电位器 W01 即可调整该直流偏压。图 2.33 所示电路还表明，该调制器本质上是一个电容三点式振荡器（共基接法），由于电容 C05 对高频短路，因此变容二极管实际上与 L02 并联。调整电位器 W01，可改变变容二极管的偏压，也即改变了变容二极管的容量，从而改变其振荡频率。因此变容二极管起着可变电容的作用。

对输入音频信号而言，L03 短路，C05 开路，从而音频信号可加到变容二极管 D01、D02 上。当变容二极管加有音频信号时，其等效电容按音频规律变化，因而振荡频率也按音频规律变化，从而达到调频的目的。

2.6.4 实验内容与步骤

1. 实验电路搭建

按照原理图和相关参数焊接电路。多用表选择二极管挡测试电路板的短路情况，确定没有问题后，接通电源，此时电源指示灯亮。

2. 静态调制特性测量

测量变容二极管在直流作用时，振荡器的输出频率变化情况。输入端不接调制信号，将示波器连接到调频器单元的 TP02。将频率计连接到调频输出端 P02，用万用表测量 TP01 点电位值，按表 2.7 所示的电压值调节电位器 W01，使 TP01 点电位在 1.65～9.5V 范围内变化，并把相应的频率值填入表 2.7 中。

表 2.7 调频器的静态特性测量

U_D/V	1.65	2	3	4	5	6	7	8	9	9.5
振荡频率 f_0/MHz										

根据表中数据，画出调频器的静态调制特性曲线，并计算调频器的静态调制灵敏度 $S = \dfrac{\Delta f}{\Delta U}$。

实验现象、数据和结论：

3. 动态调制特性测量

将斜率鉴频与相位鉴频模块（简称鉴频器单元）中的+12V 电源接通。调整 W01 使得变容二极管调频器输出频率 f_0=6.3MHz。

函数信号发生器输出调制信号频率 F 为 1kHz、幅度为 500mVpp（用示波器检测）的正弦波。将调制信号加入到调频电路的调制信号输入端 P01，便可在调频电路的 TP02 端上观察到频率调制输出 FM 波。

实验现象、数据和结论：

2.6.5　预习要求

（1）复习频率调制技术原理、工作特点、性能指标及其计算。

（2）熟悉直接频率调制电路的组成和工作原理。

（3）查阅资料，了解变容二极管器件的电压控制、电容变化的特点。

（4）阅读本节内容，熟悉频率调制实验电路和完整实验过程。

（5）（选做）结合直接频率调制的 Multisim 电路仿真设计进行电路仿真。

2.6.6　实验报告

（1）按照实验报告标准格式撰写实验报告。

（2）写明实验目的，画出实验电路，标注元器件值。

（3）画出调制信号、载波信号和调频波信号的理论波形。

（4）写出完整实验操作步骤，写明实验所用仪器、设备，记录实验测试条件与结果数据，将各项数据用表格的形式列出。

（5）整理实验数据，比较调频波实验波形和理论波形。

（6）总结本实验体会。

2.6.7　思考题

（1）直接调频和间接调频的实现方式各有怎样的优缺点？

（2）相比调相技术，调频技术的优点是什么？

2.7　频率解调电路

频率解调电路是 FM 接收机的核心电路。

2.7.1　实验目的

（1）熟悉频率解调的基本原理和性能指标。

（2）掌握斜率鉴频器与相位鉴频器的电路组成和工作原理。

（3）了解用 MC1496 实现频率解调的电路、工作原理和测试方法。

（4）了解鉴频特性曲线（S 曲线）的测量方法。

2.7.2　实验仪器与设备

（1）实验电路板，1 块。

（2）直流稳压电源，1 台。

（3）函数信号发生器，1 台。

（4）数字多用表，1 块。

（5）数字示波器，1 台。

2.7.3　实验原理

1. 基本概念

调频信号的解调称为频率检波，也称为鉴频，其作用是从调频信号中不失真检出原来的调制信号，实现频率解调的电路称为鉴频器。图 2.34 所示为调频波的解调示意图，图 2.34（a）所示为调频波时域波形，其瞬时相位呈现疏密变化特点（瞬时角频率的变化），受调制信号控制，变化规律如图 2.34（b）所示，频率解调则是将调频波瞬时角频率的变化线性地转换为电压信号（调制信号），如图 2.34（c）所示。

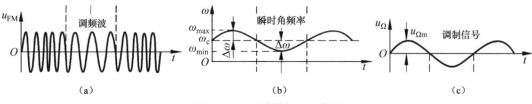

图 2.34　调频波的解调示意图

鉴频的方法和电路很多，常用的鉴频器有斜率鉴频器、相位鉴频器、脉冲计数式鉴频器和锁相鉴频器4种。有关锁相鉴频器的电路结构与工作原理在2.8节"锁相环路"中介绍过，本节主要介绍斜率鉴频器和相位鉴频器的原理和实验过程。

2. 参数指标（鉴频特性）

鉴频器的参数指标主要由鉴频特性曲线体现，如图2.35所示，该曲线反映鉴频电路输出电压 u_Ω 与输入调频信号瞬时频率 Δf 之间的关系。根据曲线的形状特点，鉴频特性曲线也称为 S 曲线，能够反映鉴频器的参数指标主要有鉴频灵敏度（鉴频跨导）、鉴频带宽及鉴频线性度等。

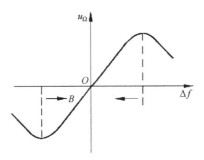

图 2.35　鉴频特性曲线（S 曲线）

鉴频灵敏度：反映输出电压与输入调频信号瞬时频偏的关系。
鉴频带宽：表征线性鉴频的频率范围，要求大于调频波频偏的两倍。
鉴频线性度：表征 S 曲线的线性度，要求非线性失真越小越好。

3. 原理电路

1）频率解调的两种思路

将调频波通过频率-幅度变换网络变成幅度随瞬时频率变化的调幅调频波，再经包络检波器检出调制信号，解调过程如图2.36所示。

同样，将调频波通过频率-相位变换网络变成调相调频波，然后通过相位检波器检出调制信号，解调过程如图2.37所示。

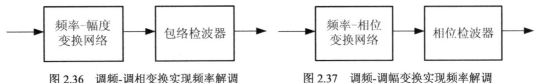

图 2.36　调频-调相变换实现频率解调　　　　图 2.37　调频-调幅变换实现频率解调

2）斜率鉴频器

小信号调谐放大器的幅频特性（LC 并联回路的幅频特性）曲线如图2.38（a）所示。曲线两侧表明：LC 回路失谐工作时，回路两端输出电压和输入的频率之间呈现近似线性关系，该线性关系能够为频率到幅度的线性转换提供依据，该线性关系在斜率鉴频电路中得到应用，如图2.38（b）所示。

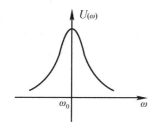

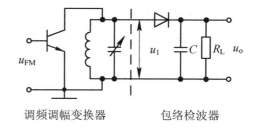

（a）LC 并联回路的幅频特性　　　　　　　　　　（b）斜率鉴频器原理电路

图 2.38　斜率鉴频器

斜率鉴频器由调频调幅变换器和包络检波器两部分组成，前者实际上是一个以 LC 并联回路为负载的调谐放大器，但 LC 回路失谐。

工作原理：利用谐振回路对不同频率呈现不同阻抗的传输特性，斜率鉴频器先将 FM 波通过线性频率振幅转换网络，使输出 FM 波的振幅按照瞬时频率的规律变化，而后通过包络检波器检测出反映振幅变化的解调信号。

实践中，为了获得线性的频率幅度转换特性，总是使输入 FM 波的载频处在 LC 并联回路幅频特性曲线斜边的近似直线段中点，即处在回路失谐曲线中点。这样，单失谐回路就可以将输入振幅一定的 FM 波转换为幅度反映瞬时频率变化的 AM-FM 波，而后通过二极管包络检波器进行包络检波，解调出原调制信号以完成鉴频功能。

3）相位鉴频器

LC 并联回路的相频特性曲线如图 2.39（a）所示，曲线中线性部分为频率到相位的线性转换提供了依据，在相位鉴频电路中将得到应用，如图 2.39（b）所示。

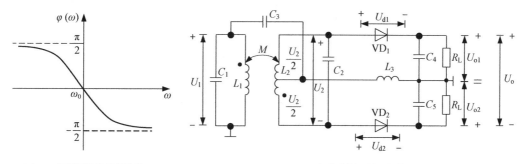

（a）LC 并联回路的相频特性　　　　　　　　　（b）相位鉴频器原理电路

图 2.39　电感耦合相位鉴频器

工作原理：U_1 和 U_2 的相位差反映输入信号的角频率，在单个二极管回路中，U_{d1}、U_{d2} 又表现为 U_1 和 U_2 的矢量和、差的关系，U_{d1}、U_{d2} 的幅度反映 U_1 和 U_2 的相位差，包络检波输出信号 U_{o1} 和 U_{o2} 的幅度与 U_{d1}、U_{d2} 的幅度成比例，$U_o=U_{o1}-U_{o2}$，所以 U_o 的幅度反映输入信号的角频率。

此外，还有原理相近的电容耦合相位鉴频器，以及用 MC1496 构成的乘积型相位鉴频器，不再赘述。

4. 实验电路

1）斜率鉴频器

图 2.40 所示为斜率鉴频与相位鉴频共用实验电路。图中，开关 K01 用于选择斜率鉴频

或相位鉴频。以三极管 Q01 为核心设计分压式共射放大电路，用于对输入 FM 波信号进行放大，电容 C03、电感 L01 组成 LC 并联谐振回路，利用回路失谐特性实现频率-振幅转换，回路的中心频率设计为 6.3MHz 左右。D01 为包络检波二极管，TP01、TP02 为输入、输出信号测量点。

2）相位鉴频器

相位鉴频器采用平衡叠加型电容耦合回路相位鉴频器，由频-相转换电路和鉴相器两部分组成。输入的调频信号加到放大器 Q01 的基极上，放大管的负载采用频-相转换电路，该电路是通过电容 VC03 耦合的双调谐回路，初级和次级都调谐在中心频率 f_0=6.3MHz 上。初级回路电压 U_1 直接加到次级回路中的串联电容 C06、C07 的中心点上，作为鉴相器的参考电压，同时，U_1 又经电容 VC03 耦合到次级回路，作为鉴相器的输入电压，即加到 L02 两端用 U_2 表示。鉴相器采用两个并联二极管检波电路，检波后的低频信号经 RC 滤波器输出。

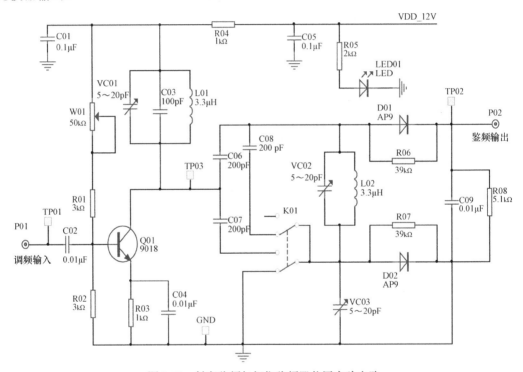

图 2.40 斜率鉴频与相位鉴频器共用实验电路

2.7.4 实验内容与步骤

1. 硬件焊接与调试

按照原理图和相关参数焊接电路。多用表选择二极管挡测试电路板的短路情况，确定没有问题后，接通电源，此时电源指示灯亮。

2. 斜率鉴频实验

（1）将鉴频单元开关 K01 拨向斜率鉴频。

（2）信号设置。

利用函数信号发生器产生 FM 波，调制信号频率为 1kHz，电压为 500mVpp，调频输出中心频率调至 8.2MHz 左右，然后将其输出端连接到鉴频单元的输入端 P01，将鉴频器单元开关 K01 拨向斜率鉴频。

实验现象、数据和结论：

（3）观察鉴频电路输出波形。

用示波器观察鉴频电路输出端 TP02 的波形，此时可观察到频率为 1kHz 的正弦波。如果没有波形或波形不好，则应调整调频单元 W01 和鉴频单元 W01。建议采用示波器做两路观察：CH1 连接调频器输入端 TP01，CH2 连接鉴频器输出端 TP02，并作比较。

实验现象、数据和结论：

（4）改变调制信号幅度，观察鉴频电路输出波形。

若改变调制信号幅度，则鉴频器输出信号幅度也会随之变大，但信号幅度过大时，输出将会出现失真。

实验现象、数据和结论：

（5）改变调制信号频率，观察鉴频电路输出波形。

改变调制信号的频率，鉴频器输出频率应随之变化，将调制信号改成三角波和方波，再观察鉴频输出。

实验现象、数据和结论：

3. 相位鉴频实验

（1）将鉴频单元开关 K01 拨向相位鉴频。

（2）信号设置。

函数信号发生器产生 FM 波，调制信号频率为 1kHz、电压为 500mVpp，调频输出中心频率调至 8.2MHz 左右，然后将其输出端连接到鉴频单元的输入端 P01，将鉴频器单元开关 K01 拨向相位鉴频。

（3）观察鉴频电路输出波形。

用示波器观察鉴频电路输出端 TP02 的波形，此时可观察到频率为 1kHz 的正弦波。如果没有波形或波形不好，那么应调整调频单元 W01 和鉴频单元 W01。建议采用示波器做两路观察：CH1 连接调频器输入端 TP01，CH2 连接鉴频器输出端 TP02，并进行比较。

实验现象、数据和结论：

（4）改变调制信号幅度，观察鉴频电路输出波形。

若改变调制信号幅度，则鉴频器输出信号幅度也会随之变大，但信号幅度过大时，输出将会出现失真。

实验现象、数据和结论：

（5）改变调制信号频率，观察鉴频电路输出波形。

改变调制信号的频率，鉴频器输出频率应随之变化，将调制信号改成三角波和方波，再观察鉴频输出。

实验现象、数据和结论：

2.7.5 预习要求

（1）复习频率解调技术原理、工作特点、性能指标及其计算。

（2）熟悉斜率鉴频电路、相位鉴频电路及其工作原理。

（3）阅读本节内容，熟悉斜率鉴频器、相位鉴频器的实验电路和完整实验过程。

（4）（选做）结合斜率鉴频器、相位鉴频器的 Multisim 电路仿真设计进行电路仿真。

2.7.6 实验报告

（1）按照实验报告标准格式撰写实验报告。

（2）写明实验目的，画出实验电路，标注输入输出电压波形。

（3）写出完整实验操作步骤，写明实验所用仪器、设备，记录实验测试条件与结果数据，将各项数据用表格的形式列出。

（4）整理实验数据，绘制所需要的波形图，观察并分析信号之间的关系。

（5）归纳并总结调频波的频率解调的过程。

（6）总结本实验体会。

2.7.7　思考题

（1）鉴频器的主要指标有哪些？

（2）斜率鉴频器中 LC 并联回路的应用与在调谐放大器中的应用有什么不同？

2.8　锁相环路

锁相环路在滤波、频率综合、调制与解调、信号检测等技术领域得到广泛应用，是模拟与数字通信系统不可或缺的基本部件。

2.8.1　实验目的

（1）熟悉锁相环路及其组成模块的功能特点和工作原理。

（2）熟悉单片集成锁相环路 CD4046 的内部组成、功能特点和基本应用。

（3）掌握用 CD4046 实现频率综合的电路和工作原理。

（4）理解用 CD4046 实现频率调制的电路和工作原理。

（5）理解用 CD4046 实现频率解调的电路、工作原理和锁相鉴频的测试方法。

2.8.2　实验仪器与设备

（1）锁相环路实验电路板，1 块。

（2）直流稳压电源，1 台。

（3）函数信号发生器，1 台。

（4）数字多用表，1 块。

（5）数字示波器，1 台。

2.8.3　实验原理

1. 锁相环路的基本概念

锁相环路（Phase Lock Loop，PLL），简称锁相环，其基本组成如图 2.41 所示。锁相环路是由鉴相器、环路滤波器和压控振荡器组成的闭合环路，是一种可以自动锁定输入输出信号相位与频率的反馈控制电路，广泛应用于滤波、频率综合、调制与解调、信号检测等技术领域。

图 2.41　锁相环路的组成框图

鉴相器（Phase Detector，PD）是相位比较部件，能够检出两个输入信号之间的相位误差，输出反映相位误差的电压 $u_d(t)$。环路滤波器用来消除误差信号中的高频分量及噪声，以保证环路所要求的性能，提高系统的稳定性。压控振荡器受控于环路滤波器输出电压 $u_c(t)$，即振荡频率受 $u_c(t)$ 控制。

基本原理：利用输入信号 $u_i(t)$ 和压控振荡器输出信号 $u_o(t)$ 之间的相位误差去消除频率误差。当电路达到平衡状态之后，虽然有剩余相位误差存在，但频率误差可以消除，实现无误差的频率跟踪。

2. 单片集成锁相环路 CD4046 简介

CD4046 是低频多功能单片集成锁相环路，它主要由数字电路构成，具有电源电压范围宽、功耗低、输入阻抗高等优点，最高工作频率为 1MHz。CD4046 锁相环路的组成和外引线端排列如图 2.42 所示。

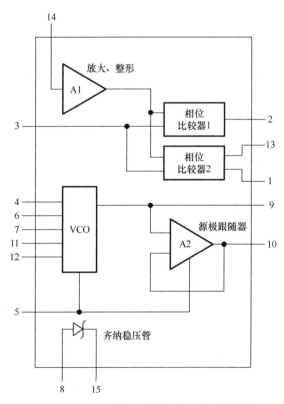

图 2.42　CD4046 锁相环路的组成和外引线端排列

由图 2.42 可知，CD4046 内部含有两个鉴相器、一个压控振荡器和缓冲放大器、内部稳压器、输入信号放大与整形电路，环路滤波器由外接阻容元件构成。

第 1 引脚（PD03）：相位比较器 2 输出的相位差信号，为上升沿控制逻辑。

第 2 引脚（PD01）：相位比较器 1 输出的相位差信号，它采用异或门结构，即鉴相特征为 PD01=PD11+PD12。

第 3 引脚（PD12）：比较相位器输入信号，通常 PD 来自 VCO 的参考信号。

第 4 引脚（VCO0）：压控振荡器的输出信号。

第 5 引脚（INH）：控制信号输入，若 INH 为低电平，则允许 VCO 工作和源极跟随器输出；若 INH 为高电平，则相反，电路将处于功耗状态。

第 6 引脚（CI）：与第 7 引脚之间接一电容，以控制 VCO 的振荡频率。

第 7 引脚（CI）：与第 6 引脚之间接一电容，以控制 VCO 的振荡频率。

第 8 引脚（GND）：接地。

第 9 引脚（VCO1）：压控振荡器的输入信号。

第 10 引脚（SF00）：源极跟随器输出。

第 11 引脚（R1）：外接电阻至地，分别控制 VCO 的最高和最低振荡频率。

第 12 引脚（R2）：外接电阻至地，分别控制 VCO 的最高和最低振荡频率。

第 13 引脚（PD02）：相位比较器 2 输出的 3 种状态相位差信号，它采用 PD11、PD12 上升沿控制逻辑。

第 14 引脚（PD11）：相位比较器输入信号，PD11 输入允许将 0.1V 左右的小信号或方波信号在内部放大再经过整形电路后，输出至相位比较器。

第 15 引脚（V1）：内部独立齐纳稳压管的负极，其稳压值为 5～8V，若与 TTL 电路匹配时，可以用作辅助电源。

第 16 引脚（VDD）：正电源，电源电压范围较宽（3～18V），通常选+5V、+10V 或+15V，图 2.42 中未标出。

3. 锁相环路的原理电路

1）锁相环路实现频率合成

频率合成器技术是现代通信对频率源的频率稳定与准确度、频率纯度及频带利用率提出越来越高的要求的产物。它能够利用一个高稳标准频率源（如晶体振荡器）合成大量具有同样性能的离散频率。

锁相频率合成器的构成如图 2.43 所示。图中，f_R 为高稳定的参考脉冲信号（如来自晶体振荡器的输出信号 f_i），压控振荡器（VCO）输出经 N 次分频后得到频率为 f_N 的脉冲信号，f_R 和 f_N 在鉴相器（PD）中进行比较。

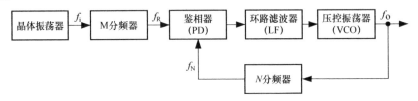

图 2.43　锁相频率合成器的构成

当环路处于锁定状态时，f_R 和 f_N 频率相等，即 $f_0=Nf_N=Nf_R$，通过可编程分频器的分频比 N，可以改变输出频率值 f_0，实现由 f_R 合成 f_0 的目的。所以，只需要一个固定参考频率 f_R，即可得到一系列所需的频率，输出频率点间隔为 $\Delta f=f_R$。

2）锁相环路实现频率调制

利用 VCO（压控振荡器）实现频率直接调制，缺点是普通 LC 压控振荡器稳定度低，而采用石英晶体构成压控振荡器后稳定度提高，但是频率可调范围大幅减小。利用锁相环路能够实现频率调制，稳定度和频率可调范围都具有优势。锁相环路实现频率调制的原理如图 2.44 所示。

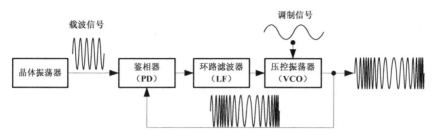

图 2.44　锁相环路实现频率调制的原理

基本原理：锁相环锁定后，压控振荡器输出和参考信号（晶体振荡器输出的载波）频率相同、稳定度相同的正弦波。将调制信号施加在压控振荡器上，引起 VCO 中可变电抗的值变化，VCO 的输出频率随之变化，频率产生偏移，即产生调频波。鉴相器检测出调频波与参考信号之间的相差变化，转换为电压信号，其中调制电压部分落在环路滤波器的通频带之外，不影响压控振荡器的调频输出，即实现了调频。

注意：鉴相器的输出电压既包含载波不稳定时相位误差转换的电压，也包含调制电压，环路滤波器需要对前者选频滤波输出，同时抑制后者。

3）锁相环路实现频率解调

利用锁相环路也可以实现频率解调，其原理如图 2.45 所示。

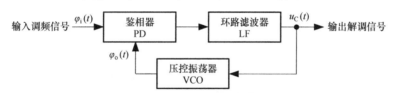

图 2.45　锁相环路实现频率解调的原理

基本原理：调频信号中心频率和稳定的载波中心频率相同，但是相对固定的载频，调频波存在频率变化（由调制信号控制），因而形成相应变化的相位误差信号，在鉴相器中进行相位比较，输出误差电压信号。误差电压信号控制压控振荡器频率变化，由于压控振荡器始终想要和外来信号的频率锁定，鉴相器和低通滤波器向压控振荡器输出的误差电压调频波信号频率偏移的变化而变化。误差电压信号是随调制信号频率变化的解调信号，即实现了鉴频。

4. 锁相环路 CD4046 的实验电路

1）锁相环路 CD4046 实现频率综合

CD4046 集成锁相环路可构成频率综合器，其电路如图 2.46 所示。电路设计双刀双掷开关 2K02，用于改变电路实验内容，选择频率综合实验或频率调制实验。

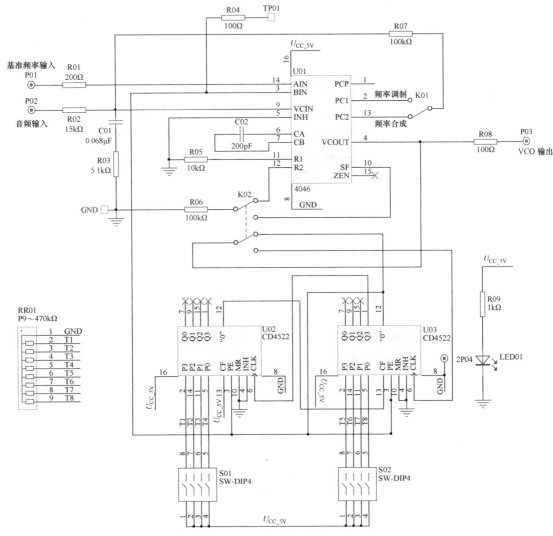

图 2.46　CD4046 构成的频率综合器电路

由锁相环路原理电路可知，在锁相环路的基础上增加了一个可编程分频器构成频率综合器。图中，U02、U03（集成电路芯片 CD4522）为可编程分频器，电路的分频比由拨码开关 S01、S02 控制，S01 控制分频比的十位数，S02 则控制个位数，分频比以 8421BCD 码方式输入可编程分频器。P01 为外加基准频率输入铆孔，TP01 为相位比较器输入信号测试点，也是分频器输出信号测试点。P03 为压控振荡器（VCO）的输出信号铆孔。

假设 U02 和 U03 可编程分频器的分频比为 N，使用时，通过预置 2S01 和 2S02 的输入数据来确定 N 的值。

例如，$N=7$ 时，S01 置"0000"，S02 置"0111"；$N=17$ 时，S01 置"0001"，S02 置"0111"。但应当注意的是，当 S02 置"1111"时，个位分频比 $N_1=15$，当 S01 置"0001"时，总分频比为 $N=25$。当程序分频器的分频比 N 置成 1，也就是把 S01 置"0000"，S02 置成"0001"状态。这时，该电路就是一个基本锁相环电路。当二级程序分频器的 N 值可由外部输入进行编程控制时，该电路就是一个锁相式数字频率合成器实验电路。

2）锁相环路 CD4046 实现频率调制

在图 2.46 所示的电路中，控制拨动开关 K02，拨向频率调制一侧时，锁相环路 CD4046 构成频率调制器。P01 为外加输入信号连接点，是在测试 CD4046 锁相环同步带、捕捉带时使用的，电阻 R07、电容 C01 和电阻 R03 构成环路滤波器。P02 为音频调制信号输入口，通过 CD4046 的第 9 引脚控制其 VCO 输出的振荡频率。由于此时控制电压为音频信号，因此 VCO 输出电压的振荡频率将会按照音频信号的规律变化，由此产生调频波，其频率随调制信号变化，产生的调频电压信号由 P03 输出。由于振荡器输出的是方波，因此本实验输出的是调频非正弦波。

3）锁相环路 CD4046 实现频率解调

CD4046 锁相环路构成的频率解调电路（鉴频器）如图 2.47 所示。图中，P01 为调频信号输入口，TP01 为调频波测试点，P02 为鉴频输出测试点，TP03 为锁相环压控振荡器 VCO 测试点，调整 W01 可改变 VCO 的振荡频率。调频波通过 P01 加到 CD4046 的第 14 引脚，当锁相环在调频波信号上锁定时，压控振荡器始终跟踪外来信号的变化，VCO 的输入电压来自相位检测，再经滤波之后的误差电压，它相当于鉴频输出，也即第 10 引脚的输出应为解调的低频调制信号。

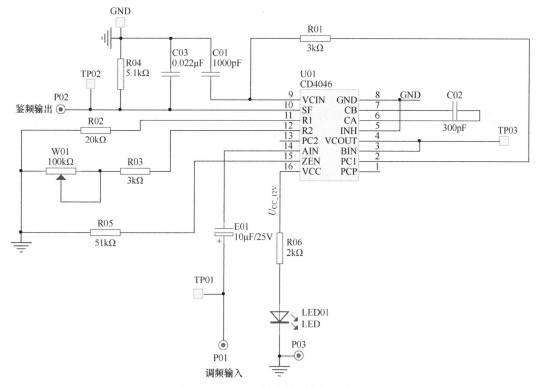

图 2.47　CD4046 构成的频率解调电路

2.8.4　实验内容与步骤

1. 硬件焊接与调试

按照原理图和相关参数焊接电路。多用表选择二极管挡测试电路板的短路情况，确定没有问题后，接通电源，此时电源指示灯亮。

2. 频率综合实验测量（K01、K02 置"频率合成"）

1）锁相环锁定测试

将 S01 设置为"0000"，S02 设置为"0001"（往上拨为"1"，往下拨为"0"），则程序分频器分频比为 $N=1$。双踪示波器探头分别连接 P01、TP01，若两波形一致，则表示锁相环锁定。

实验现象、数据和结论：

2）信号设置

调整函数信号发生器输出频率为 2kHz、幅度为 5Vpp 的方波电压信号作为频率综合电路的外加参考信号；数字示波器探头分别连接参考频率和输出频率。

3）频率调节

改变可编程分频器的分频比，使 N 分别等于 2、3、5、10、20 等情况下，若 P01、P03 两波形同步，则表示锁相环锁定。观察和测量示波器显示的波形，并记录相关数据。

实验现象、数据和结论：

4）测量并观察最小分频比与最大分频比

锁相环有一个捕捉带宽，当超过这个带宽时，锁相环就会失锁。本模块最小锁定频率

f_{min} 约为 800Hz，最大输出频率 f_{max} 约为 350kHz。因此，外加参考频率应大于 800Hz，并且当 Nf_R 大于 350kHz 时，锁相环将失锁。在测定最大分频比时，与输入的参数频率 f_R 有关。

注意：测出 f_R=2kHz 和 f_R=4kHz 的最大分频比。其方法为：改变程序分频器的分频比，使它不断增大，若 P01、P03 两波形仍然同步，则表示锁相环锁定，当两波形不同步，即失锁时，此时的分频比为最大分频比 N_{max}（最小分频比 N_{min}=1）。

实验现象、数据和结论：

3. 频率调制实验测量（K01、K02 置"频率调制"）

1）锁相环路锁定测试

调整锁相环路外加参考频率，约为 100kHz、幅度为 5Vpp 的方波电压信号使锁相环处于锁定状态，即 P03 与 P01 的波形完全一致。

实验现象、数据和结论：

2）信号设置

函数信号发生器输出频率为 4kHz、幅度为 4Vpp 的正弦波作为调制信号，加入到本实验模块的输入端 P02。

3）观察调频波波形

用示波器观察 P03 点输出调频波信号。观察调频波时，可调整调制信号幅度，由零慢慢增加时，调频输出波形由清晰慢慢变模糊，出现波形疏密不一致时，输出为调频波。

实验现象、数据和结论：

（空白框）

将函数信号发生器输出波形改为方波（频率为 1kHz，幅度为 2Vpp）作为调制信号，用示波器再做观察和记录。

实验现象、数据和结论：

（空白框）

4. 频率解调实验测量

1）调频波信号设置

函数信号发生器输出调频波，调制信号为 2kHz、幅度为 0.5Vpp，载波信号为 100kHz、幅度为 5Vpp。

2）观察调频波的解调输出波形

调频波信号接入到锁相环频率解调电路输入端（P01），用数字示波器的 CH1 观察调频电路输入调频波信号（P01），CH2 观察解调输出信号（P02）。如果解调无输出，或者输出波形失真，那么可调整频率解调电路的电位器 W01。改变调制信号的频率和幅度，两者的波形也应随之变化。

实验现象、数据和结论：

（空白框）

3）调制信号为方波、三角波的调频波解调

按照上述方法，将调制信号波形设置为方波和三角波，在鉴频器输出端便可解调出与调制信号一致的方波和三角波。

实验现象、数据和结论：

（空白框）

2.8.5　预习要求

（1）复习锁相环的结构组成、工作原理和性能指标。

（2）熟悉锁相环频率综合、频率调制和频率解调的典型应用电路和工作原理。

（3）查阅资料，了解锁相环路芯片 CD4046 和可编程分频器 CD4522 的电路及原理。

（4）阅读本节内容，熟悉利用 CD4046 实现频率综合、频率调制和频率解调的实验电路和完整实验过程。

（5）（选做）结合 CD4046 锁相环路进行 Multisim 电路仿真设计。

2.8.6　实验报告

（1）按照实验报告标准格式撰写实验报告。

（2）写明实验目的，画出实验电路，标注输入、输出电压波形，计算信号频率值。

（3）写出完整实验操作步骤，写明实验所用仪器、设备，记录实验测试条件与结果数据，将各项数据用表格的形式列出。

（4）整理实验数据，绘制所需要的波形图，观察并分析信号之间的关系。

（5）总结本实验体会。

2.8.7 思考题

（1）频率综合技术有哪些？锁相环型频率综合有什么特点？

（2）锁相环构成频率调制与解调电路有什么优点？

2.9 混频电路

混频是将信号频谱在频率轴上进行不失真搬移的过程，混频电路为混频器，是通信系统的重要组成部分，被用于所有的射频和微波系统进行频率变换。

2.9.1 实验目的

（1）通过实验，加深理解混频的概念。

（2）理解二极管环形混频器、三极管混频器和集成混频器的工作原理。

（3）掌握用 MC1496 来实现混频的方法、电路组成、工作原理和波形特点。

（4）了解混频器的混频干扰。

2.9.2 实验仪器与设备

（1）实验电路板，1 块。

（2）直流稳压电源，1 台。

（3）函数信号发生器，1 台。

（4）数字多用表，1 块。

（5）数字示波器，1 台。

2.9.3 实验原理

1. 混频的基本概念

混频又称为变频，是将已调波信号（高频）不失真地变换为另一已调波信号（中频），保持原调制规律不变的过程，其电路称为混频器（或称为变频器）。混频器广泛应用于通信及其他需要频率变换的电子系统及仪器中。图 2.48 所示为超外差式接收机。

基本原理：将从天线接收到的射频信号经放大和下变频后转换为固定的中频信号，然后进一步下变频或直接进行解调，恢复出调制信号（如音频信号）。

2. 混频的数学原理

超外差式 AM 和 FM 接收机中普遍采用混频方案，如图 2.49 所示。利用统调和混频将接收的变化有用高频信号转换为固定的中频信号，能够解决高增益时高频放大器易自激、增益不均匀及接收带宽不一致等问题；同时，处理固定的中频信号能够进一步简化接收机电路。

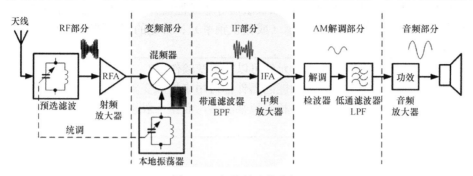

图 2.48　超外差式接收机

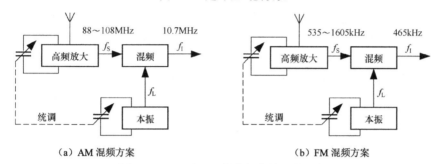

（a）AM 混频方案　　　　　　　　（b）FM 混频方案

图 2.49　AM 和 FM 接收机中的混频方案

　　混频器具有两个输入电压，其频率分别为 f_S 和 f_L，输出频率 f_I 是这两者的差频（$f_I=f_L-f_S$，下变频）或和频（$f_I=f_L+f_S$，上变频）。混频器在频域中起着减（加）法器的作用。

　　AM 接收机中混频前后信号的时域波形和频谱特征如图 2.50 所示。混频从时域波形角度看，信号的包络保持不变，信号的频谱位置和上下变频产生线性搬移，频谱结构保持不变。由此可知，混频是对输入信号频谱的线性频率变换过程（频谱的线性搬移）。

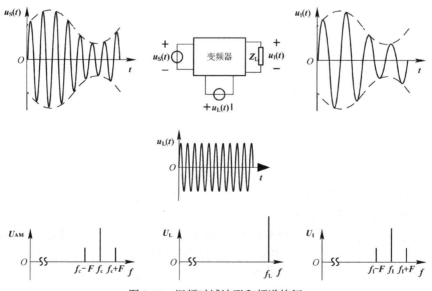

图 2.50　混频时域波形和频谱特征

从时域角度看，信号频谱的线性搬移相当于输入信号与一个参考正弦信号（本振）相乘，而搬移的距离由此参考信号的频率决定。线性系统不能实现信号频谱的搬移，必须采用如二极管、三极管、场效应管或模拟乘法器等非线性器件，组成信号乘法电路，产生新的有用频率，再选用适当的中心频率（或截止频率）和带宽的滤波器获得所需频率分量，并滤除无用频率分量。

问题：具有什么特性的非线性元件可以实现变频作用？

答：原则上，凡是具有相乘功能的器件都可用来构成变频电路。目前高质量的通信设备中广泛采用二极管环形变频器和模拟乘法器，而在一般接收机中，为了简化电路，仍采用简单的晶体管混频电路。

3. 混频的原理电路

1）晶体二极管混频电路

单个二极管即可构成无源混频电路。其缺点是混频之后，除了有用频率，还产生大量谐波分量。两个二极管可构成双二极管平衡混频器。相比单个二极管混频器，双二极管平衡混频电路有效抑制掉输出电流中的直流成分和部分谐波分量，因此，具有更好的混频性能，但是仍然存在部分组合谐波分量。在实际的工作频率达到几十兆赫兹以上的混频器中，广泛采用4个二极管组成双平衡回路混频电路，也称为环形混频器，如图2.51所示。

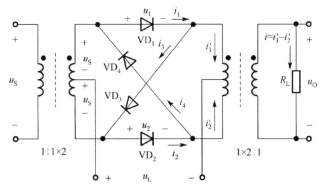

图 2.51　4 个二极管环形混频器

本振信号 u_L 两端仍居于第一变压器次级线圈和第二变压器初级线圈的中心，同时驱动 VD_1、VD_2 和 VD_3、VD_4 两对二极管，使其交替导通。正半周 VD_1、VD_2 导通，形成电流 $i_1' = i_1 - i_2$；负半周 VD_3、VD_4 导通，形成电流 $i_2' = i_3 - i_4$。相对于本振信号 u_L 来说，VD_1、VD_2 和 VD_3、VD_4 的导通极性相反，因此负载电阻 R_L 上总的输出电流为 $i = i_1' - i_2'$，电流中的频率仅有 ω_L、ω_S 的和频、差频分量（$\omega_L + \omega_S$、$\omega_L - \omega_S$），以及 ω_L、ω_S 的高次组合频率分量$[(2n-1)\omega_L + \omega_S$、$(2n-1)\omega_L - \omega_S]$，有效抵消了 ω_L、ω_S 的众多其他组合频率分量。

2）晶体三极管混频

利用非线性元器件三极管也可以构成混频器。与二极管不同的是，三极管能够对输入的射频信号和本振信号进行放大，故称为有源混频电路。根据两路信号注入的不同方式，三极管混频器一般有4种电路形式，如图2.52所示。

本振信号和射频信号加在基极和射极之间，利用三极管非线性转移特性实现频率变换。图2.52（a）和图2.52（b）共射电路应用于频率较低的情况，采用图2.52（b）注入方式时，信号之间相互影响小，但本振的功率要求较大；图2.52（c）和图2.52（d）共基电路适用于频率较高的情况，同样，采用后一种注入方式时，信号与本振之间的相互影响小。

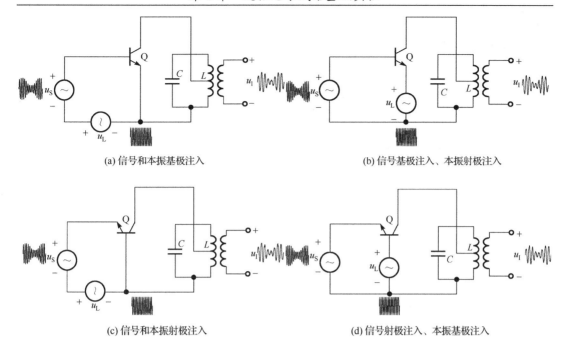

(a) 信号和本振基极注入　　　　　　　　(b) 信号基极注入、本振射极注入

(c) 信号和本振射极注入　　　　　　　　(d) 信号射极注入、本振基极注入

图 2.52　三极管混频电路

3）集成乘法器混频器

随着集成电路工艺的改进，集成电路的工作频率不断提高，模拟乘法器在混频电路中应用越来越广泛。由模拟乘法器 MC1596G 器件组成的混频电路如图 2.53 所示。正负双电源供电（+8V 和-8V），1、4 脚输入有用信号，8、10 脚输入本振信号，6 脚后接滤波电路，选择输出混频后信号。

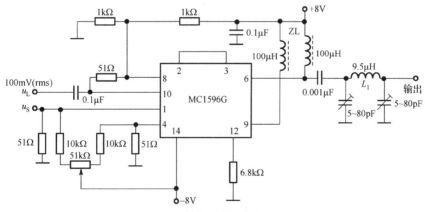

图 2.53　模拟乘法器混频电路

4. 混频的实验电路

混频的实验电路提供二极管环形混频器、三极管混频器和模拟乘法器 MC1496 构成的混频器电路，实验内容和步骤则根据模拟乘法器 MC1496 构成的混频器电路完成。

1）晶体二极管环形混频器（可选做实验）

晶体二极管构成的环形混频器如图 2.54 所示。图中，T01、T02、D01、D02、D03、

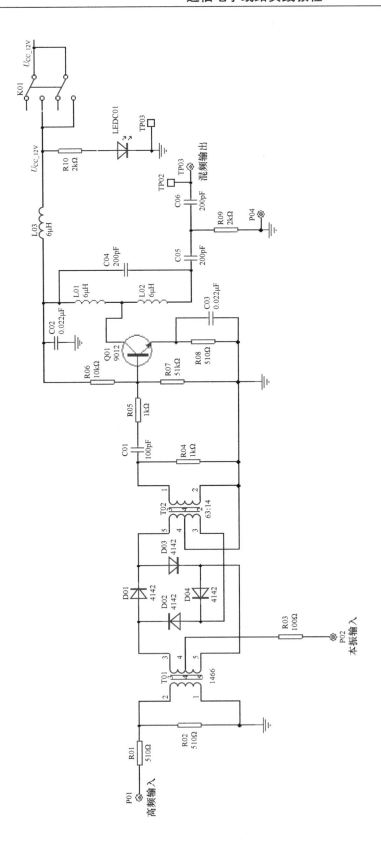

图 2.54　晶体二极管环形混频器

D04 构成环形混频电路，P01 为输入信号输入口，P02 为本振信号输入口。图中的 L01、C04 谐振回路构成滤波电路，选出所需要的中频信号而滤除其他无用信号。Q01 对中频信号进行放大。TP02 为输出测量点，P03 为中频信号输出口。

2）晶体三极管混频

晶体三极管构成的混频器如图 2.55 所示。图中，本振频率为 11.2MHz 从晶体管的发射极 E 输入，信号频率为 8.2MHz 从晶体三极管的基极 B 输入，混频后的中频信号由晶体三极管的集电极 C 输出。输出端的带通滤波器必须调谐在中频上，本实验的中频为 11.2MHz−8.3MHz≈3MHz。

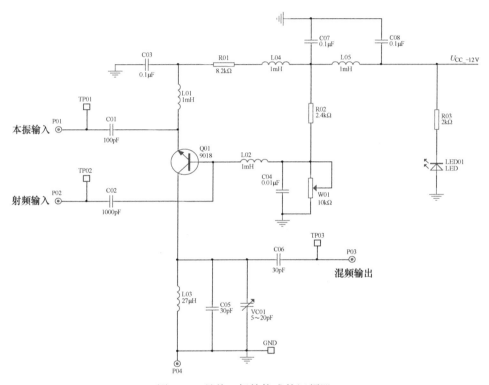

图 2.55　晶体三极管构成的混频器

为实现混频功能，混频器件必须工作在非线性状态，除输入信号电压 U_S 和本振电压 U_L 之外，还存在干扰和噪声。它们之间任意两者都有可能产生组合频率，这些组合频率如果等于或接近中频，将与输入信号一起通过中频放大器、解调器，对输出级产生干扰，影响输入信号的接收。干扰是由于混频不满足线性时变工作条件而形成的，不可避免，其中影响最大的是中频干扰和镜像干扰。

3）集成乘法器混频器

模拟乘法器 MC1496 构成的混频器如图 2.56 所示。本振频率为 11.2MHz，从 MC1496 的 10 脚输入，信号频率为 8.2MHz，从 MC1496 的 1 脚输入，混频后的中频信号由 MC1496 的输出端 6 脚输出。输出端的带通滤波器必须调谐在中频上，本实验的中频为 $f_i = f_L - f_S =$ 11.2MHz−8.2MHz≈3MHz。

通信电子线路实践教程

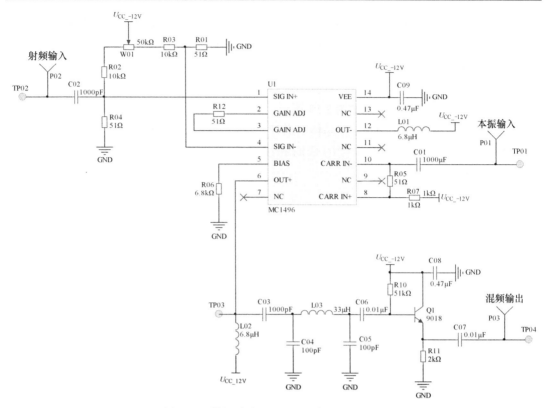

图 2.56 模拟乘法器 MC1496 构成的混频器

2.9.4 实验内容与步骤

按照原理图和相关参数焊接电路。多用表选择二极管挡测试电路板的短路情况，确定没有问题后，接通电源，此时电源指示灯亮。

1. 静态测试

（1）测量双电源电压值（+8V、−8V）。

（2）测量 MC1496 各引脚电压值。

实验现象、数据和结论：

（3）调整函数信号发生器通道 1 输出 11.2MHz、1.5V 正弦波作为本实验的本振信号；通道 2 输出 8.2MHz、0.5V 正弦波作为本实验的有用信号；测量、观察两路输入电压波形和 MC1496 相应引脚电压波形。

实验现象、数据和结论：

2. 中频频率的观测（集成模拟乘法器 MC1496 构成混频器）

（1）将本振信号（频率 f_L 为 11.2MHZ，幅度为 1.5V）输入乘法器的一个输入端（P01），乘法器的另一个输入端 P02 接有用信号（频率 f_S 为 8.2MHz，幅度为 0.5V）。用示波器观测 TP03、TP04 的电压波形，测量并计算各频率是否符合 $f_I = f_L - f_S$。

实验现象、数据和结论：

（2）当改变输入信号的频率时，观察输出中频 P03 的波形变化。

实验现象、数据和结论：

（3）混频的综合观测。将调制信号为 1kHz 载波频率为 5.8MHz 的调幅波（可用函数信号发生器或集成乘法器振幅调制电路产生该调幅信号），作为本实验的射频输入，本振信号仍为 11.2MHz。用示波器观测 P01、P02、P03 各点波形，特别注意观察 P01 和 P03 两点波形的包络是否一致。

实验现象、数据和结论：

2.9.5　预习要求

（1）复习混频器的技术原理、混频器的几种电路结构、工作原理和性能指标。

（2）熟悉本振、有用信号和混频输出信号的波形、频谱特点和频率计算关系。

（3）阅读本节内容，熟悉 MC1496 混频器的实验电路和完整实验过程。

（4）（选做）结合 MC1496 混频器电路进行 Multisim 电路仿真设计。

2.9.6　实验报告

（1）按照实验报告标准格式撰写实验报告。

（2）写明实验目的，画出实验电路，标注输入、输出电压波形，计算信号频率值。

（3）写出完整实验操作步骤，写明实验所用仪器、设备，记录实验测试条件与结果数据，将各项数据用表格的形式列出。

（4）整理实验数据，绘制所需要的波形图，观察并分析信号之间的关系。

（5）归纳并总结信号混频的过程。

（6）总结本实验体会。

2.9.7　思考题

（1）除了需要混频器的超外差式接收机，还有图 2.57 所示的直接放大式接收机。

请问：在接收机中引入混频器有什么重要意义？

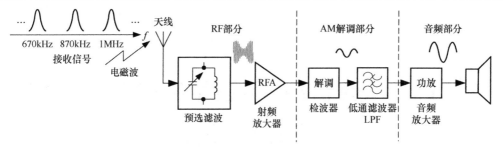

图 2.57　直接放大式接收机

（2）什么是镜频干扰？提高接收机镜频干扰抑制能力的主要措施有哪些？

第 3 章　通信电子线路 Multisim 14.0 仿真与设计

仿真与设计实验的意义在于通信电子线路实验得以在计算机上准确、快捷地完成，一方面克服实验是元器件和仪器方面的限制；另一方面也突破了时间和空间的限制。

3.1　电路仿真软件 Multisim 14.0 简介

3.1.1　概述

Multisim 软件是业界一流的 SPICE 仿真标准环境，适用于板级模拟、数字电路的设计与仿真工作，可通过设计、原型开发、电子电路测试等实践操作提高学生的技能。采用 Multisim 软件可以方便地实现通信电子线路实验的仿真验证和设计。

3.1.2　软件资源

Multisim 软件资源丰富，类型众多。在通信电子线路实验课程中，常用的电路设计与仿真资源如表 3.1 所示。

表 3.1　Multisim 资源列表

类　　型	资　　源
元器件（Components）	电阻、电容、电感、二极管、三极管、模拟开关、运算放大器、差分放大器和射频元件
仪表仪器（Instruments）	多用表、函数信号发生器、示波器、波特仪、IV 分析仪、频谱分析仪，以及安捷伦、泰克和 LabVIEW 仪器
功率源（Power Source Components）	AC 功率源、DC 功率源、三相电压源
信号源（Signal Source Components）	AC 电流源、AC 电压源、AM 电压源、DC 电流源、FM 电流源、FM 电压源
测量单元（Measurement Components）	安培表、伏特表
LabVIEW 和 ElVISmx 仪器	BJT 分析仪、阻抗表、信号分析仪、任意波形发生器、动态信号分析仪、可控功率源、波特分析仪

此外，Multisim 软件还包含大量实用的虚拟元器件，如电流钳（Current Clamp）、3D 元件、探针（Probes，可在电路测量信号电压、电流、功率、差分电压等）。

3.1.3　软件界面

Multisim 软件的工作界面如同一个实际的电子实验平台，完整的工作界面如图 3.1 所示。图中，屏幕顶端为标准的菜单区，上方是工具栏区（在菜单区下方），中央区域是电路设计与仿真的工作区，左侧是元器件区，右侧是仪表仪器区。该工作界面可根据用户的习惯自行调整。

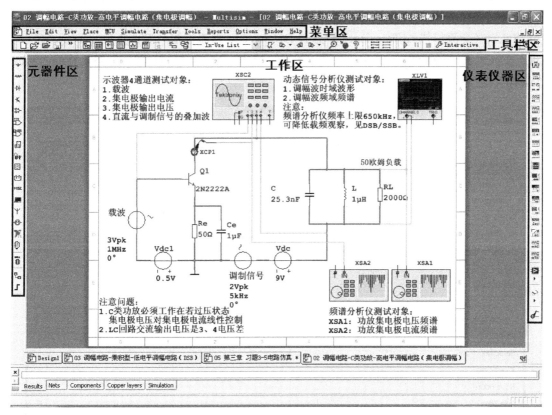

图 3.1　Multisim 软件工作界面

菜单区有 12 个主菜单项，如图 3.2 所示。

图 3.2　Multisim 菜单区

File 和 Edit 用于常规文件处理；View 用于设置工作区显示内容；Place 用于向工作区放置元器件、探针、连接节点、连接线、文本说明等；Simulate 用于执行仿真、放置仪器仪表，以及仿真分析等；Tools 用于元器件管理、电气规则检查；Reports 用于输出元件清单、网络连接、原理图统计；Options 用于全局设置、工作区大小等相关设置。

工具栏区常用的功能选项如图 3.3 所示。

图 3.3　Multisim 工具栏区

软件标准项不再赘述，需要特别说明的功能有以下几个。

主功能（Main）包括 SPICE 网表查看▦、面包板查看▦、新建元器件向导❋、元器件库管理❖、电气规则检查✍ERC、生成 PCB 版图⯈、范例查找🔍。

仿真功能（Simulation）包括运行▷、暂停Ⅱ、停止▪和仿真设置✏Interactive，其中仿真设置界面如图 3.4 所示。可进行的仿真包括 DC Operating Point（直流静态工作点）、AC Sweep（交流扫描）、Transient（瞬态）、DC Sweep（直流扫描）、Single Frequency AC（单频点交流）、Parameter Sweep（参数扫描）、Noise（噪声）、Monte Carlo（蒙特卡洛）、Temperature Sweep（温度扫描）、Distortion（失真）等。

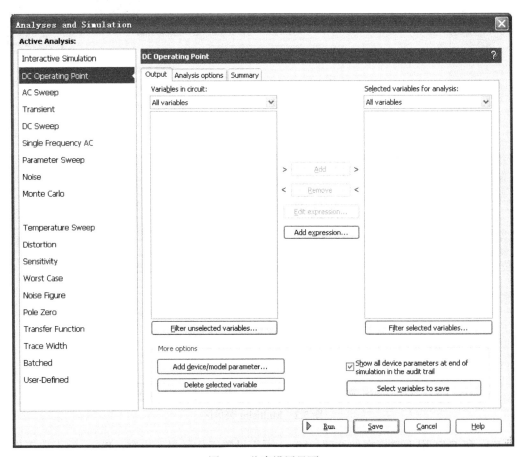

图 3.4　仿真设置界面

探针功能（Probe）包括电压⊙、电流Ⓐ、功率⊚、差分电压⧖，可用于测量任意点处在电路仿真过程中的实时数据。

工作区是电路设计与仿真的核心区域，可实现元器件放置（布局）、线路连接（布线）、仪器仪表和探针放置（测量），以及重要内容文本标注（说明）等。

元器件区对应元器件库，在元器件区单击任意元器件按钮都会打开元器件库，如单击 Place Source、Place Diode 等，可直接打开元器件库，并分别对应到源（功率源、信号源）或二极管元器件库，选择需要的元器件，如图 3.5 所示。

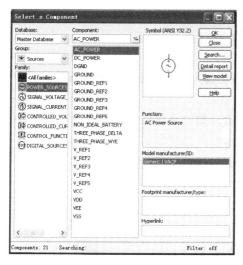
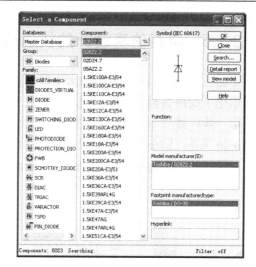

（a）源（功率源、信号源）　　　　　　　　（b）二极管

图 3.5　元器件库

3.1.4　软件操作

Multisim 软件功能繁多，熟悉软件的一些常见功能，并掌握其快捷方式将极大提高电路设计与仿真的效率，表 3.2 中列举了 Multisim 软件中的一些实用快捷操作。

表 3.2　Multisim 软件中的实用快捷操作

操作目的	操作
工作界面的优化	工具栏区右击，取消 Lock toolbars 后可进行工作界面设计
工作区的移动、缩放与局部观察	（1）菜单区：执行 View 中的 Zoom 操作
	（2）快捷键：F10 选择局部观察、F7 设置最佳大小、Ctrl+F11 设置工作区比例
	（3）工具栏区：单击 View 按钮
	（4）工作区：滚动滚轮缩放、单击滚轮移动、双击滚轮局部观察
元器件库的 4 种打开方式	（1）菜单区：在 Place 中选择 Component
	（2）快捷键：Ctrl+W
	（3）元器件区：选择元器件库，单击打开
	（4）工作区内：右击（Place Component）
元器件的属性修改	（1）双击元器件
	（2）右击元器件，选择 Properties
元器件的选中、调整、复制与删除	选中元器件，单击空白处取消选中（或 Esc 键）
仪器仪表的选用	（1）时域观察：右侧仪器仪表区选择示波器，如泰克示波器、安捷伦示波器、LabVIEW 示波器
	（2）频域分析：波特仪、频谱分析仪、动态信号分析仪
电路的仿真	（1）菜单区：在 Simulate 中选择 Run
	（2）快捷键：F5
	（3）工具栏区：单击 Run 按钮
电气规则检查	菜单区：在 Tools 中选择 Electrical rules check

3.1.5 电路仿真设计的快速启动

下面主要以电阻分压共射放大电路的设计与仿真为例，介绍在 Multisim 软件平台上进行通信电子线路实验的相关流程。

第一步：建立 New Design 文件，命名后保存，如"小信号调谐放大器"。建立方式可通过 File 菜单、Ctrl+N 组合键等，如图 3.6 所示。

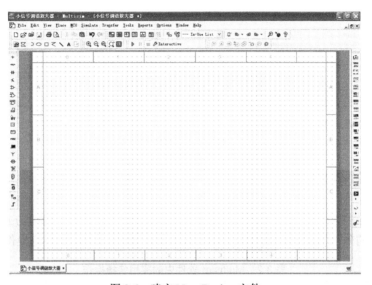

图 3.6 建立 New Design 文件

此外，也可以建立 New Project，包含多个 New Design，文件类型可以为空白文件，或者基于 Elvis、MyDAQ 或其他 NI 模板文件。

第二步：元器件放置，电路布局。根据表 3.2 所示的操作，选择合适的元器件放置到工作区，并根据电路组成结构进行布局，如小信号调谐放大器的元器件布局如图 3.7 所示。

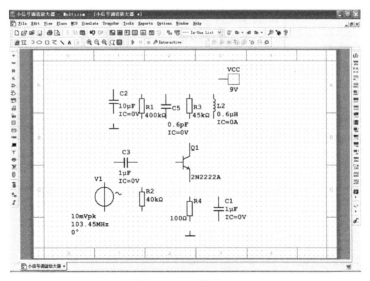

图 3.7 元器件布局

注意：元器件、电源、信号源等参数均可以根据实际电路情况进行修改。

第三步：元器件连接，电路搭建。鼠标指针移动到元器件引脚端即可进行线路连接。

鼠标指针移动到某元器件引脚上，出现黑点时单击开始连线，移动黑点至另一个元器件的引脚上，单击完成两个元器件引脚的连接，如图 3.8 所示。

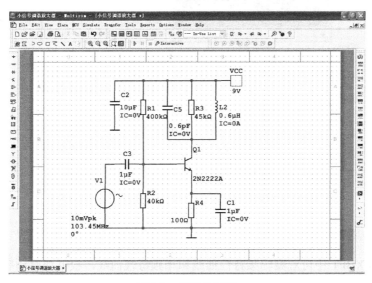

图 3.8　元器件互连

第四步：放置仪表仪器。观察电路输入、输出的时域波形，右侧仪器仪表区选择示波器，可选择 Multisim 软件示波器，或者泰克示波器、安捷伦示波器和 LabVIEW 示波器；观察电路的频率特性，选择波特仪，如图 3.9 所示。电路中的元器件连接和仪器仪表连接，可设置不同颜色的连线，以区分仿真电路。

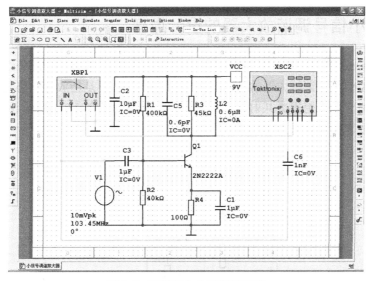

图 3.9　工作区中放置仪器仪表

第五步：电路仿真。参见表 3.2 所列操作，单击 Run（或 F5 键，或者在菜单 Simulate 中选择 Run 键），进入仿真。打开波特仪 XBP1 和泰克示波器 XSC2，结果如图 3.10 和图 3.11 所示。

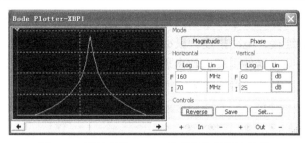

图 3.10　用波特仪 XBP1 观察电路的频率特性

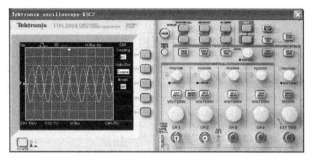

图 3.11　用泰克示波器 XSC2 观察电路的时域波形

在波特仪 XBP1 中可观察幅频特性曲线和相频特性曲线，根据观察频率和幅度具体情况设置观察范围，Reverse 用于界面反白显示。泰克示波器 XSC2 的使用和实验室实物设备基本相同。

3.2　小信号调谐放大器 Multisim 仿真与设计

3.2.1　小信号调谐放大器的设计原理

小信号调谐放大器主要由放大器（放大）和选频回路（选频）两部分组成，实现调谐放大。因而，小信号调谐放大器的 Multisim 仿真与设计主要是指放大电路与调谐电路两个部分。放大电路一般采用甲类共射放大结构，而选频则是采取 LC 并联回路，作为放大电路的集电极负载来实现，如图 3.12 所示。

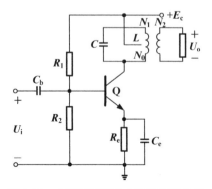

图 3.12　小信号调谐放大器的原理电路

3.2.2　调谐电路的选频特性仿真验证

1. 原理电路搭建

LC 并联谐振回路具有窄带选频特性，是实现小信号调谐放大的重要组成电路，对 LC 回路工作特性的仿真测试具有重要意义。利用 Multisim 14.0 建立 LC 并联谐振回路特性测试仿真电路，如图 3.13 所示。回路电容 C1 容值为 10pF，回路电感 L1 感值为 0.2μH，15kΩ 电阻 R2 模拟 LC 回路的谐振电阻。LC 回路与电阻 R1 串联，V2 电压源为输入激励。

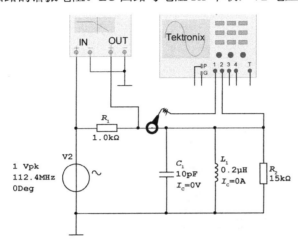

图 3.13　LC 并联谐振回路特性测试仿真电路

2. 幅频特性测量

从波特仪上观察 LC 并联谐振回路的幅频特性曲线，如图 3.14 所示。观察并测量 LC 并联谐振回路的带通滤波器特性，记录曲线，并计算谐振频率和通频带等参数。

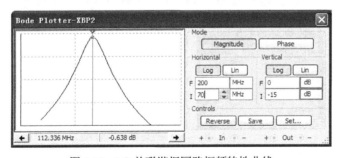

图 3.14　LC 并联谐振回路幅频特性曲线

3. 电流/电压（I/V）特性测量

1）LC 回路失谐工作

理论计算 LC 回路谐振频率约为 112.4MHz；设置 V2 的频率为 100MHz，频偏约为 12MHz，此时 LC 回路失谐工作。在电路中，利用电流探针以 1V/mA 将回路输入电流线性转换为电压。电压和电流波形如图 3.15 所示，相位滞后的是回路输入电流，而相位超前的是回路电压。

仿真现象、数据与结论：

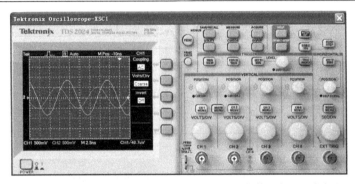

图 3.15　LC 回路失谐时的电压和电流波形（电流滞后电压一定相位）

若设置 V2 的频率为 120MHz，频偏约为 8MHz，电压和电流波形如图 3.16 所示，相位超前的是电流信号，滞后的是电压信号。

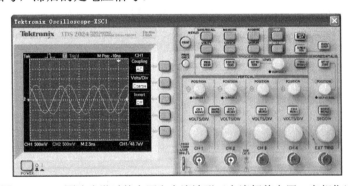

图 3.16　LC 回路失谐时的电压和电流波形（电流超前电压一定相位）

图 3.15 和图 3.16 证明 LC 回路失谐时，回路电流 I 超前或是滞后回路电压 U 一定的相位。证明此时的 LC 回路表现为电感或是电容特性。观察并测量 LC 回路失谐时的 I/V 特性，并记录波形。

另外，从示波器的波形上可以看出，V2 电压信号半峰值为 1Vpk（峰峰值为 2Vpp）。当频偏为 12MHz 时，回路电压为 1Vpp；而当频偏为 8MHz 时，回路电压为 1.4Vpp。这说明失谐程度越大，LC 并联回路电压越小。

仿真现象、数据与结论：

（空白框）

2）LC 谐振工作

设置 V2 的频率为 112.4MHz，此时 LC 回路谐振工作。电压和电流波形如图 3.17 所示。LC 回路的输入电流和电压同相，证明此时 LC 回路表现为纯阻特性。

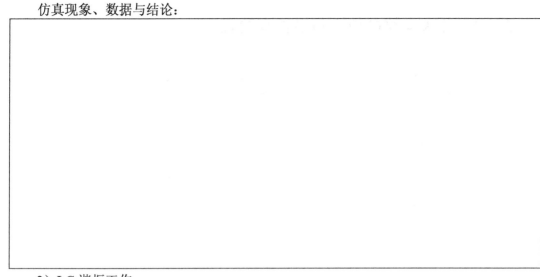

图 3.17　LC 回路谐振时的电压和电流波形（电流和电压同相）

从示波器的波形上可以看出，V2 电压信号半峰值为 1Vpk（峰峰值为 2Vpp），回路电压约为 1.8Vpp，由此可见，谐振时 LC 并联回路电压达到最大。

仿真现象、数据与结论：

（空白框）

3.2.3　放大电路的放大特性仿真验证

1. 仿真电路搭建

小信号调谐放大器建立在甲类共射放大器的基础上，后者的电路如图 3.18 所示。采取电阻分压结构设置放大器直流静态工作点在线性放大区。

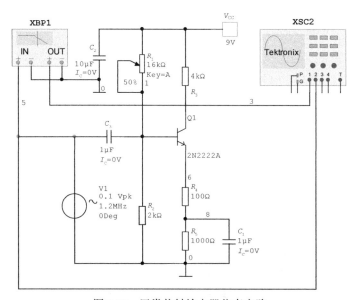

图 3.18　甲类共射放大器仿真电路

2. 幅频特性测量

甲类共射放大器的幅频特性曲线如图 3.19 所示。从幅频特性曲线上可以看出，该类放大器在低频区域具有较为广阔的线性放大区域，频率响应表现出低通特性。

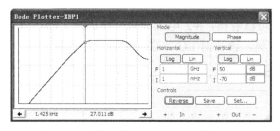

图 3.19　甲类共射放大器的幅频特性曲线

仿真现象、数据与结论：

3. 增益特性测量

设置输入正弦波信号幅度为 0.1Vpk（峰峰值为 0.2Vpp），频率分别为 0.2MHz、1.2MHz、10MHz，放大器的输出波形如图 3.20 所示。前两种信号放大后幅度均为 3Vpk，电压增益为 30；后者为 2Vpk，电压增益为 20。结论进一步验证甲类共射放大器具有低通滤波特性。

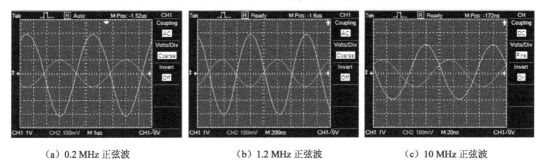

| （a）0.2 MHz 正弦波 | （b）1.2 MHz 正弦波 | （c）10 MHz 正弦波 |

图 3.20 甲类共射放大器的输出波形

仿真现象、数据与结论：

3.2.4 小信号调谐放大器的原理电路仿真验证

1. 仿真电路搭建

结合基本甲类共射放大器和 LC 并联谐振回路，构成单调谐回路放大器，实现对高频小信号带通选频放大的目的，仿真电路如图 3.21 所示。

2. 幅频特性测量

单调谐回路放大器的幅频特性曲线如图 3.22 所示。从幅频特性曲线上可以看出，该类放大器在频率为 107MHz 附近具有最大增益，偏离该频率，放大器的增益均下降。证明单回路调谐放大器的选频特性和 LC 并联谐振回路基本一致，表现为带通特性。

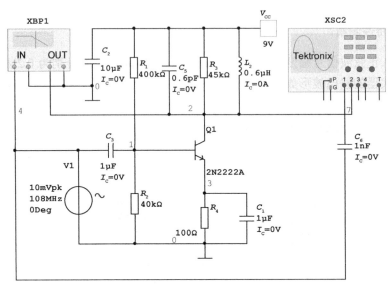

图 3.21　单调谐回路放大器仿真电路

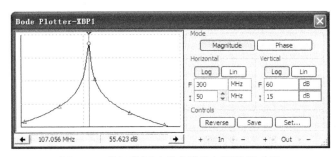

图 3.22　单调谐回路放大器的幅频特性曲线

仿真现象、数据与结论：

3. 增益特性测量

设置输入正弦波信号幅度为 10mVpk（峰峰值为 0.2Vpp），频率分别为 80MHz、108MHz 和 120MHz。经放大输出波形如图 3.23 所示，放大后幅度分别为 200mVpk、3Vpk 和 250mVpk，电压增益分别为 20、300 和 25。结论进一步验证单调谐回路放大器具有带通滤波特性。

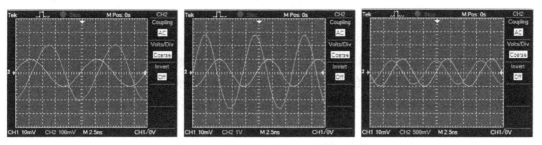

图 3.23　单调谐回路放大器的输出波形

仿真现象、数据与结论：

3.2.5　小信号调谐放大器的实验电路设计与仿真

1. 仿真电路搭建

利用 Multisim 软件可设计实现 2.1 节中小信号调谐放大器，放置波特仪 XBP1 和示波器 XSC2，建立该实验的仿真电路，如图 3.24 所示。

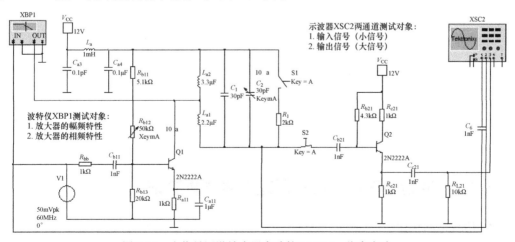

图 3.24　小信号调谐放大器实验的 Multisim 仿真电路

2. 仿真结果分析

示波器观察仿真波形如图 3.25（a）所示，从上至下依次为输入电压、调谐放大输出电压，以及电压跟随器输出电压的波形；波特仪观察电路的频率响应曲线如图 3.25（b）所示。与理论计算的谐振频率范围比较就能发现，实际电路的谐振频率低于理论值，这就是放大管的寄生参数的影响。

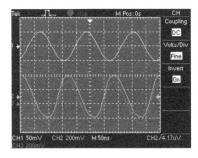
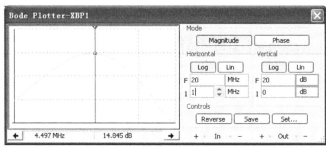

（a）输入输出电压波形　　　　　　　　　　（b）频率响应曲线

图 3.25　调谐放大器实验的仿真结果

3.3　高频调谐功率放大器 Multisim 仿真与设计

3.3.1　调谐功率放大器的设计原理

高频功率放大器可采用 A 类、B 类、C 类等功率放大器结构形式。A 类、B 类功放的线性度高，效率相对较低，适用于线性度要求较高的场合；C 类功放失真最大，效率最高，适用于线性度要求较低的场合。C 类高频调谐功率放大器的原理电路如图 3.26 所示，采取 LC 并联回路作为功率放大电路的集电极负载，利用 LC 并联回路的窄带选频特性，实现不失真输出。

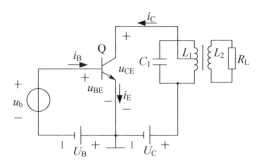

图 3.26　C 类高频调谐功率放大器的原理电路

3.3.2　调谐功率放大器的原理电路仿真验证

1. 仿真电路搭建

C 类高频调谐功率放大器（简称 C 类功放）的仿真电路如图 3.27 所示。基极采取 V2

作为反向偏置电压，降低静态功耗，提高效率。集电极输出设计 L1、C1 并联回路作为负载，利用 LC 回路的窄带滤波特性，从集电极余弦脉冲电流中选出基波电流分量，输出不失真基波电压。

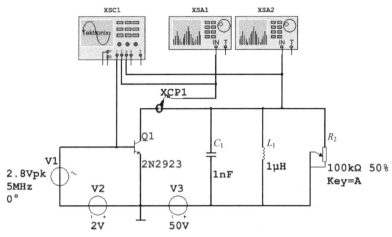

图 3.27　C 类功放的仿真电路

利用 XSC1 示波器观察 C 类功率放大器中电压、电流的时域波形，频谱分析仪 XSA1 和 XSA2 则观察电压、电流的频谱情况。

2. 波形与频谱仿真分析

1）时域波形观察

L1、C1 回路选频输出约为 5MHz；集电极输出余弦脉冲电流，利用 LC 回路输出基波电压。XSC1 示波器采用 3 个通道同时观察基极输入信号、集电极电流信号、集电极电压信号，仿真结果如图 3.28 所示。

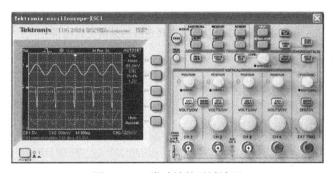

图 3.28　C 类功放的时域波形

图 3.28 所示的结果中从上到下分别为基极电压、集电极电流和集电极电压。

2）频谱分析

频谱分析仪 XSA1 和 XSA2 分别观察集电极电流和电压的频谱情况。仿真结果如图 3.29 和图 3.30 所示。结果表明，电流成分中频率众多，为输入信号频率的整数倍（产生大量谐波），电流成分则为输入信号频率。

仿真现象、数据与结论：

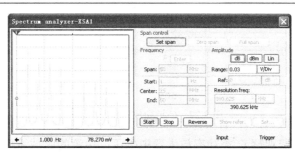

图 3.29　C 类功放集电极电流的频谱仿真结果

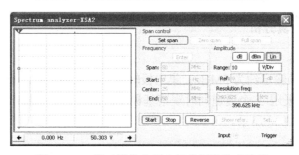

图 3.30　C 类功放集电极电压的频谱仿真结果

仿真现象、数据与结论：

3. C 类功放的调制特性仿真

1）基极调制特性

将调制信号用作 C 类功放的基极反偏置电压（放大电路发射结存在缓慢变化的偏置电

压信号），建立仿真电路如图 3.31 所示。

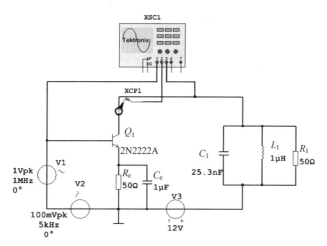

图 3.31　C 类功放的基极调制特性仿真电路

运行仿真结果如图 3.32 所示，图中从上到下分别为基极电压（叠加波）、集电极电流（电流脉冲波形的幅度被调制）和集电极电压（调幅波）。

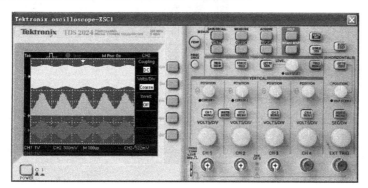

图 3.32　C 类功放的基极调制特性时域波形

仿真现象、数据与结论：

2）集电极调制特性

将调制信号叠加于 C 类功放的集电极电源电压（集电极存在缓慢变化的电源电压），可以建立集电极调制仿真电路，如图 3.33 所示。

运行仿真结果如图 3.34 所示。图 3.34（a）从上到下分别为基极输入电压（载波）、集电极输出电流、集电极电压（LC 回路上端）和变化的电源电压（LC 回路下端）；图 3.34（b）

上端波形为 LC 回路两端输出电压。

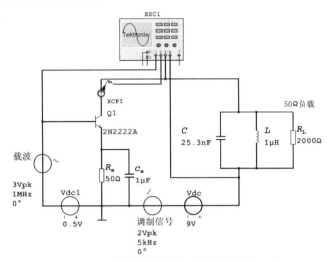

图 3.33　C 类功放的集电极调制特性仿真电路

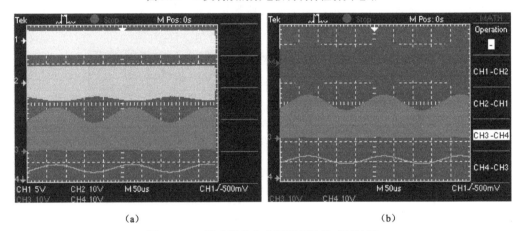

（a）　　　　　　　　　　　　　　　（b）

图 3.34　C 类功放的集电极调制特性时域波形

仿真现象、数据与结论：

4. C 类功放的倍频应用仿真分析

1）参数设定

LC 回路参数 L1、C1 改为 0.5μH、0.5nF（见图 3.35），谐振频率变为图 3.27 所示功放的两倍。

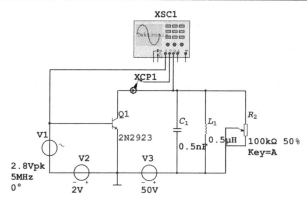

图 3.35　C 类功放用作倍频器的仿真电路

2）仿真结果

仿真结果如图 3.36 所示。图中波形从上到下分别为基极输入正弦波、集电极输出脉冲电流和正弦波电压。结果表明，输入 5MHz 正弦波，输出 10MHz 正弦波，实现两倍频。

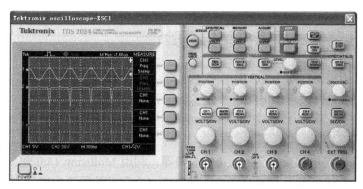

图 3.36　C 类功放用作倍频器的时域波形

仿真现象、数据与结论：

3.4　高频正弦波 LC 振荡器 Multisim 仿真与设计

3.4.1　振荡器的设计原理

振荡器是一种不需要外加信号激励，自身能将直流电能转换为一定波形交流电能的电路，实际中的反馈式振荡器可以由小信号调谐放大器演变而来，如图 3.37（a）所示。在小信号调谐放大器的基础上，引入正反馈网络，将输出电压以一定比例反馈回放大器输入端，通过循环放大电压信号，实现振荡。

振荡的初始信号来自电路加电后的电噪声（白噪声），如图 3.37（b）所示，电噪声的特点是幅度微小，频率丰富，包含正弦波振荡信号频率（f_0）。电路满足 $KF>1$ 且正反馈时，循环放大，输入电压幅度大到一定程度后，放大器由线性放大区逐渐进入非线性区，K 减小。直到进入 $KF=1$ 这一平衡状态时，振荡器输出稳定正弦波信号。

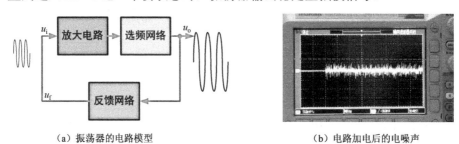

（a）振荡器的电路模型   （b）电路加电后的电噪声

图 3.37　振荡器的设计原理

3.4.2　振荡器的原理电路仿真验证

本节所仿真的振荡器均为 LC 调谐回路结构，包括 Hartley、Colppits、Clapp、Seiler 等振荡器电路及振荡输出波形，电路中参数实际可行。

1. Hartley 振荡器

Hartley 振荡器是电感反馈三点式 LC 振荡器。利用 Multisim 14.0 建立 Hartley 振荡器仿真电路，如图 3.38 所示。供电电源电压为 9V，C2 是滤波稳压电容，容值为 1μF，利用阻值 7kΩ 的 R1 和 2 kΩ 的 R2 分压，确定共射放大器的直流静态工作点，射极电阻 R3 实现负反馈补偿温度对放大器的影响，射极旁路电容 C3 的作用是减小射极电阻对放大器电压增益的影响；振荡回路电容 C4 的容值为 10nF，电感 L1 的感值为 40nH，反馈电感 L2 的感值为 40nH。

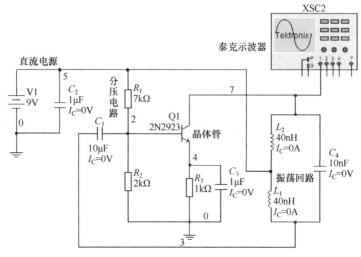

图 3.38　Hartley 振荡器仿真电路

输出波形的测量主要采用 Multisim 软件提供的泰克示波器、安捷伦示波器或普通示波器，可辅助采用频率计、电压表等仪表。

振荡器电路仿真的起振波形如图 3.39 所示。振荡器在 10μs 不到开始起振，可以看出 Hartley 振荡器的起振速度较快。

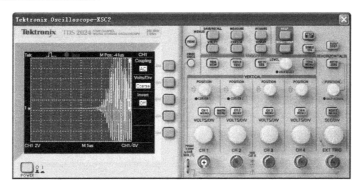

图 3.39 Hartley 振荡器起振波形

按照振荡回路元件计算 LC 回路谐振频率理论值为

$$f_0 = \frac{1}{2\pi\sqrt{80\times10^{-9}\times10\times10^{-9}}}\,\text{Hz} \approx 5.6\,\text{MHz}$$

振荡器稳定后输出正弦波波形如图 3.40 所示。正弦波的频率为 5MHz，略低于 LC 回路的谐振频率，这也能说明振荡器的输出信号频率并不完全等于其 LC 回路的谐振频率，主要因为振荡频率除了由 LC 元件直接决定，还受放大器晶体管的寄生参数制约。另外，从图 3.40 中还可以看出，输出的正弦波振荡信号波形不够理想，这主要是因为振荡器采用电感作为反馈元件，滤波特性比较差。

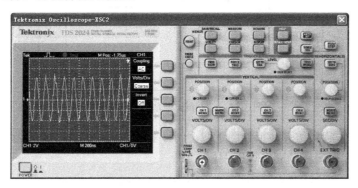

图 3.40 Hartley 振荡器稳定波形

2. Colppits 振荡器

Colppits 振荡器是电容反馈三点式 LC 振荡器。建立 Colppits 振荡器仿真电路，如图 3.41 所示。供电电源电压为 9V，C2 是滤波稳压电容，容值为 1μF，10mH 高频扼流圈阻止电源支路与振荡电路之间的相互高频干扰，利用阻值 12kΩ 的 R1 和 2kΩ 的 R2 分压，确定共射放大器的直流静态工作点，射极电阻 R3 实现负反馈补偿温度对放大器的影响，射极旁路电容的作用是减小射极电阻对放大器电压增益的影响；振荡回路电感 L1 的感值为 3.2μH，电容 C4、C5 的容值均为 124pF。

仿真现象、数据与结论：

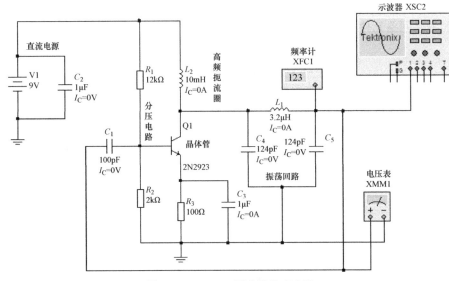

图 3.41　Colppits 振荡器仿真电路

振荡器电路的起振仿真波形如图 3.42 所示。振荡器在 800μs 时开始起振，相比 Hartley 振荡器，Colppits 振荡器的起振速度偏慢。

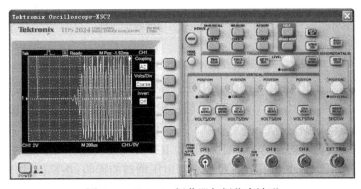

图 3.42　Colppits 振荡器起振仿真波形

按照振荡回路元件计算 LC 回路谐振频率的理论值为

$$f_0 = \frac{1}{2\pi\sqrt{3.2\times10^{-6}\times62\times10^{-12}}}\,\text{Hz} \approx 11.3\,\text{MHz}$$

振荡器稳定后输出正弦波波形如图 3.43 所示。正弦波的频率为 10.7MHz，略低于 LC 回路的谐振频率，原因与 Hartley 振荡器一样。由于采用的电容作为反馈元件，滤波特性较好，因此，振荡器输出正弦波的波形比较好。

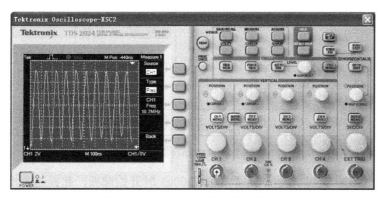

图 3.43　Colppits 振荡器稳定波形

仿真现象、数据与结论：

3. Clapp 振荡器

图 3.44 所示为 Clapp 振荡器仿真电路。Clapp 振荡器是 Colppits 振荡器的改进电路，其特点是在 LC 谐振回路中，电感串联了一个 100pF 的小电容 C6。

计算 LC 回路的总电容为

$$C_{\Sigma} = \frac{1}{\dfrac{1}{100}+\dfrac{1}{100}+\dfrac{1}{124}}\,\text{pF} \approx 35.6\,\text{pF}$$

按照振荡回路元器件计算 LC 回路谐振频率的理论值为

$$f_0 = \frac{1}{2\pi\sqrt{3.2\times10^{-6}\times35.6\times10^{-12}}}\,\text{Hz} \approx 14.9\,\text{MHz}$$

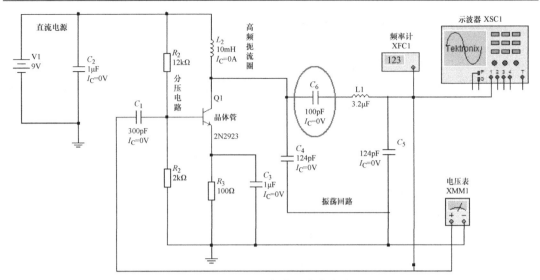

图 3.44　Clapp 振荡器仿真电路

其输出波形如图 3.45 所示。振荡器在 1000μs 时开始起振，起振速度相对较慢。稳定后为 13.7MHz 正弦波，略低于 LC 回路的谐振频率，振荡波形比较好。

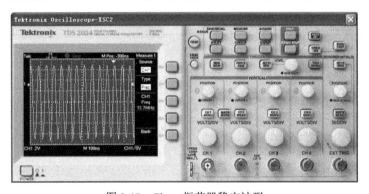

图 3.45　Clapp 振荡器稳定波形

仿真现象、数据与结论：

4. Seiler 振荡器

图 3.46 所示为 Seiler 振荡器仿真电路。Seiler 振荡器在 Clapp 振荡器的基础上进一步改

进。其电路特点是在 LC 谐振回路中，电感 L 两端并联一个 20pF 的电容，其余电容元件以串联形式并在 20pF 电容的两端，包括 Clapp 振荡器电路特点中需要串联的 100pF 的电容 C6，以及两个 124pF 的电容元件。

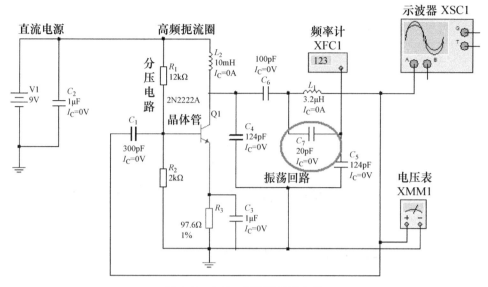

图 3.46 Seiler 振荡器仿真电路

计算 LC 回路的总电容为

$$C_\Sigma = 20 + \cfrac{1}{\cfrac{1}{100} + \cfrac{1}{100} + \cfrac{1}{124}} \text{pF} \approx 55.6\text{pF}$$

按照振荡回路元件计算 LC 回路谐振频率的理论值为

$$f_0 = \frac{1}{2\pi\sqrt{3.2 \times 10^{-6} \times 55.6 \times 10^{-12}}} \text{Hz} \approx 11.9\text{MHz}$$

Seiler 振荡器稳定波形如图 3.47 所示。振荡器在稳定后产生 10MHz 左右的正弦波，略低于 LC 回路的谐振频率，振荡器的输出波形比较好。

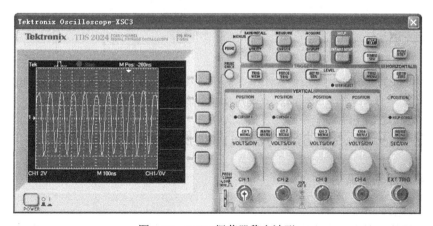

图 3.47 Seiler 振荡器稳定波形

仿真现象、数据与结论：

3.5 振幅调制电路 Multisim 仿真与设计

3.5.1 振幅调制电路的设计原理

C 类功放的基极偏置电压 U_B 和集电极电源电压 U_C 具有调制特性，利用该特性能够实现基极或集电极振幅调制电路，产生功率电平较高的普通调幅波，如图 3.48（a）所示。而根据振幅调制的基本原理和模拟乘法器的工作特点可知，采用模拟乘法器同样能够实现振幅调制电路，产生功率电平较低的调幅波，如图 3.48（b）所示。

（a）C 类功放构成的高电平振幅调制电路 　　　（b）模拟乘法器构成的低电平振幅调制电路

图 3.48　C 类功放构成的振幅调制电路

3.5.2 基于 C 类功放的振幅调制原理电路仿真验证

1. C 类功放基极调幅

1）仿真电路

C 类功放构成的基极振幅调制仿真电路如图 3.49 所示。根据电路原理图，选择相应器件，构成仿真电路。

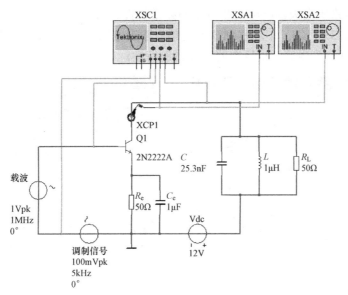

图 3.49 C 类功放构成的基极调幅调制仿真电路

电路采用示波器 XSC1 观察振幅调制电路信号波形，频谱分析仪 XSA1 观察功放集电极电流频谱，频谱分析仪 XSA2 观察功放集电极电压频谱。为方便示波器观察集电极电流时域波形，以及频谱分析仪观察集电极电流频谱，利用电流针 XCP1 将集电极电流信号成比例转换为电压信号。

注意：基极调制时，C 类功放必须工作在欠压状态，基极电压对集电极电流形成线性控制作用。

2）仿真结果

示波器 XSC1 采用四通道同时观察输入调制信号、调制信号和载波信号的叠加波信号、集电极输出电流信号、集电极输出电压信号（AM 波）。打开示波器，调整示波器时基和幅度观察尺度，可观察到四路信号的波形如图 3.50 所示。图中由上至下依次为调制信号（正弦波）、叠加波（调制信号和载波信号的直接叠加）、脉冲电流（幅度随调制信号变化的余弦脉冲信号）和输出 AM 信号（电压信号包络随调制信号变化）。

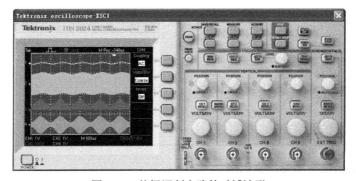

图 3.50 基极调制电路的时域波形

调整示波时基，可以进一步观察到高频振荡信号波形瞬时变化的细节。

打开频谱分析仪 XSA1 和 XSA2，根据观察需要调整频率与幅度范围。通过图 3.51

观察基极调制电路集电极输出电流和电压的频谱特性。从图 3.51（a）中观察到电流的多谐波特性，从图 3.51（b）中观察到窄带选频后输出电压的频谱特性，从图 3.51（c）和图 3.51（d）中观察到电流、电压中的 AM 调制特性。

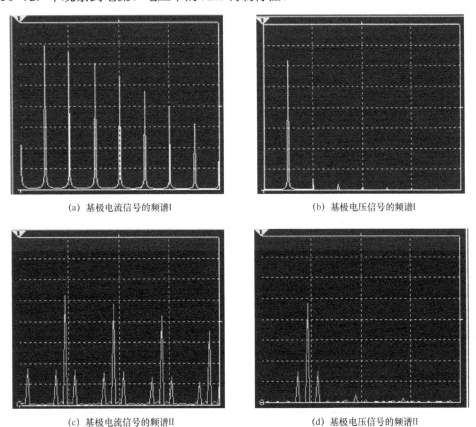

（a）基极电流信号的频谱I　　　　　　　　（b）基极电压信号的频谱I

（c）基极电流信号的频谱II　　　　　　　（d）基极电压信号的频谱II

图 3.51　基极调制电路的频谱

仿真现象、数据与结论：

2. C 类功放集电极调幅仿真电路

1）仿真电路

C 类功放构成的集电极振幅调制仿真电路如图 3.52 所示。根据电路原理图，选择相应器件，构成仿真电路。

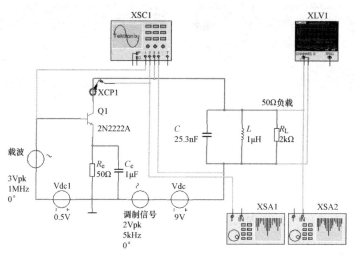

图 3.52 C 类功放构成的集电极调幅调制仿真电路

电路采用示波器 XSC1 观察振幅调制电路信号波形，频谱分析仪 XSA1 观察功放集电极电流频谱，频谱分析仪 XSA2 观察功放集电极电压频谱。为方便示波器观察集电极电流时域波形，以及频谱分析仪观察集电极电流频谱，利用电流针 XCP1 将集电极电流信号成比例转换为电压信号。

注意： 集电极调制时，C 类功放必须工作在弱过压状态，集电极电压对集电极电流形成线性控制作用。

2）仿真结果

示波器 XSC2 采用四通道同时观察输入载波信号、集电极输出电流信号、集电极输出电压信号（AM 波）和调制信号的波形。打开示波器，调整示波器时基和幅度观察尺度，可观察到四路信号的波形如图 3.53 所示（波形介绍参见图 3.34 说明）。

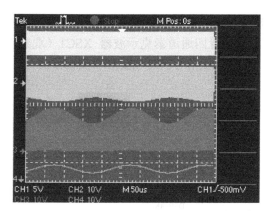
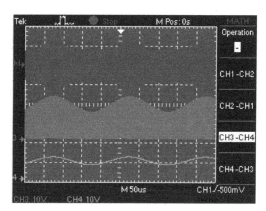

图 3.53 集电极调制电路的时域波形

调整示波时基，可以进一步观察到高频振荡信号波形瞬时变化的细节。

打开频谱分析仪 XSA1 和 XSA2，根据观察需要调整频率与幅度范围，图 3.54（a）和图 3.54（b）所示为振幅调制电路集电极输出电流信号和电压信号（AM 波）的频谱。

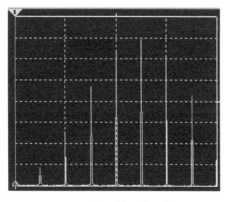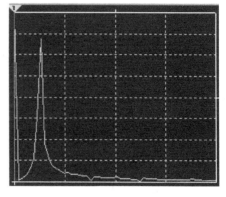

（a）集电极电流信号的频谱　　　　　　　　　　（b）集电极电压信号的频谱

图 3.54　集电极调制电路的频谱

仿真现象、数据与结论：

3.5.3　基于模拟乘法器的振幅调制原理电路仿真验证

1. 仿真电路

Multisim 中可直接调用模拟乘法器模块，构成的振幅调制仿真电路如图 3.55 所示。根据电路原理图，选择相应器件，构成仿真电路，并放置四通道泰克示波器 XSC1（观察电压信号的时域波形）和动态信号分析仪 XLV1（观察电压信号的时域波形和频域频谱）。

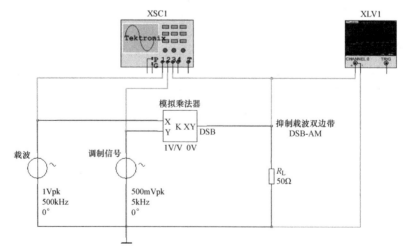

图 3.55　模拟乘法器构成的调幅调制仿真电路

电路采用示波器 XSC1 观察振幅调制电路信号波形；动态信号分析仪 XLV1 观察振幅调制输出时域波形和频谱。根据调制需要，设置调制信号有直流电压（如 0.5V 电压偏置）时，进行 AM 波调制输出；设置调制信号无直流电压时，进行 DSB 波调制输出。

2. 仿真结果

示波器 XSC1 采用三通道，同时观察输入载波信号、调制信号和输出调幅波信号的波形。打开示波器，调整示波器时基和幅度观察尺度，可观察到三路信号的波形如图 3.56 所示。图 3.56（a）中从上至下依次为载波（高频正弦波）、调制信号（低频正弦波）和普通调幅信号（AM 波）；图 3.56（b）中从上至下依次为载波、调制信号和抑制载波双边带信号（DSB 波）。

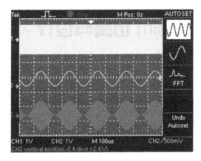 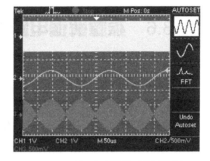

（a）AM 波（调制信号有 0.5V 电压偏置）　　　　（b）DSB 波（调制信号无电压偏置）

图 3.56　振幅调制电路信号波形

调整示波器 XSC1 的时基，可以进一步观察到高频振荡信号波形瞬时变化的细节。

打开动态信号分析仪 XLV1，根据观察需要调整 FFT 参数，可观察到振幅调制电路输出信号的时域波形和频谱，如图 3.57 所示。从图 3.57 中上半部分可以看出，该信号的频谱在 500kHz 左右有两个边频（500±5kHz），下半部分为输出的 DSB 波。

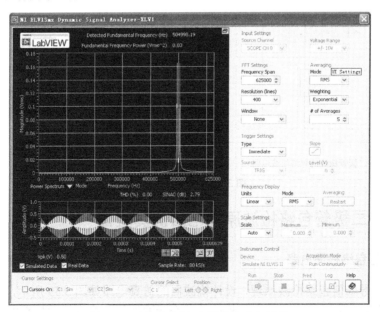

图 3.57　振幅调制电路信号波形和频谱

仿真现象、数据与结论：

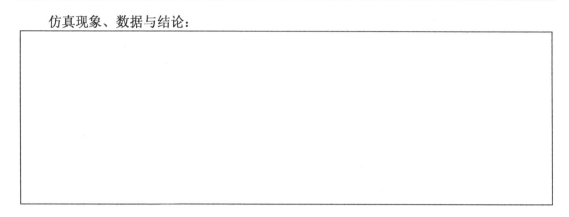

3.6 振幅解调电路 Multisim 仿真与设计

3.6.1 振幅解调电路的设计原理

由 $u_{AM}(t)$ 的波形可知，AM 信号波形的包络与输入调制信号 $u_\Omega(t)$ 成正比，故可采用包络检波的方法恢复原始调制信号。利用二极管的单向导电特性和 RC 电路的充放电特性，能够实现二极管包络检波电路，如图 3.58（a）所示，要求已调波的幅度高于 500mV，适合 AM 调幅波的解调。

由 AM 信号的频谱可知，如果将已调信号的频谱搬回到原点位置，即可得到原始的调制信号频谱，从而恢复出原始信号。解调中的频谱搬移可用调制时的相乘运算来实现。利用与载波同频同相的本振信号与已调波相乘，能够实现振幅解调电路，适用于 AM、DSB、SSB 调幅波的解调，如图 3.58（b）所示。

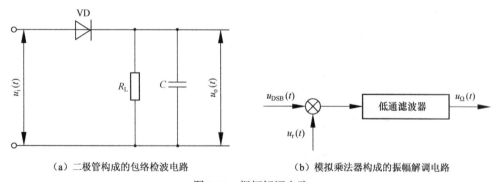

（a）二极管构成的包络检波电路　　　　（b）模拟乘法器构成的振幅解调电路

图 3.58　振幅解调电路

3.6.2 二极管包络检波原理电路仿真验证

1. 二极管包络检波电路

根据大信号峰值包络检波原理，设计检波器的仿真电路如图 3.59 所示，主要由检波二极管、检波电阻和检波电容 3 个元件构成，结合示波器构成检波器的仿真电路。

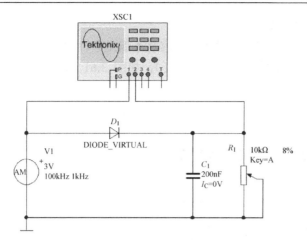

图 3.59　二极管包络检波电路的仿真电路 I

根据电路工作特点，仿真电路输入信号源选择 AM 波信号，载波幅度为 3V、频率为 100kHz，调制信号频率设为 1kHz，调幅指数为 50%，计算选取电容 C1 参数值为 200nF，电阻采用最大阻值为 20kΩ 的可调电位器。根据二极管包络检波技术原理，满足条件式(3.1) 时，解调输出不产生对角线失真。

$$\Omega R_{\text{L}} C < \frac{\sqrt{1-m_{\text{a}}^2}}{m_{\text{a}}} \tag{3.1}$$

2. 工作波形仿真分析

1）正常检波输出

根据条件式（3.1），调整检波器负载电阻和电容，当观察到检波器的解调输出波形如图 3.60 所示时，AM 波的包络基本一致，实现不失真解调。

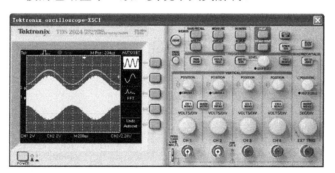

图 3.60　二极管包络检波电路的正常解调输出波形

仿真现象、数据与结论：

2）对角线失真现象观察

如果检波电阻和电容值取得过大时，容易不满足条件式（3.1），从而因为放电过慢产生对角线失真（也称为惰性失真、放电失真），如图 3.61 所示。此时，检波器输出的电压信号不再为原调制信号。

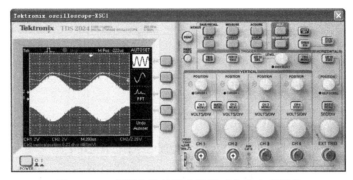

图 3.61　二极管包络检波电路的对角线失真现象

仿真现象、数据与结论：

3）底部切割失真现象观察

检波电路通过耦合电容 C2 隔直后，将解调信号传送给下一级，建立其仿真电路如图 3.62 所示。

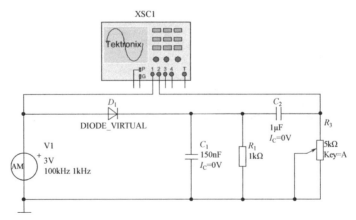

图 3.62　二极管包络检波电路的仿真电路 II

电容具有隔直流特性，因为直流充电而在电容 C2 左端形成固定直流电压，导致检波二极管在输入 AM 较小时截止，所以造成解调输出的波形产生底部切割失真，如图 3.63 所示。

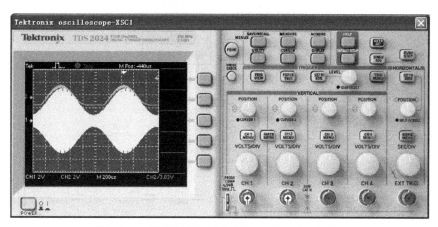

图 3.63　二极管包络检波电路的底部切割失真现象

解决底部切割失真的方法：提高检波器的交直流负载比［（R1//R3）/R1］，具体实现可在图 3.62 所示的电路中增大交流负载中 R3 的值。

注意：在图 3.62 所示的电路中，检波器的交流负载为 R1//R3，直流负载为 R1。解决方法的详细理论证明过程见本课程的理论教程。

仿真现象、数据与结论：

3.6.3　模拟乘法器同步检波电路仿真验证

1. 乘积型同步检波（DSB、SSB）仿真电路

图 3.64 所示为模拟乘法器同步检波电路的仿真电路。第一级模拟乘法器 A1 输入载波（100kHz，0°相位）与调制信号（1kHz），调制产生 DSB 波；第二级模拟乘法器 A2 输入 DSB 波和载波的同步参考信号（100kHz，0°相位），实现解调，输出调制信号，L1～L2、C1～C3 构成低通滤波电路。

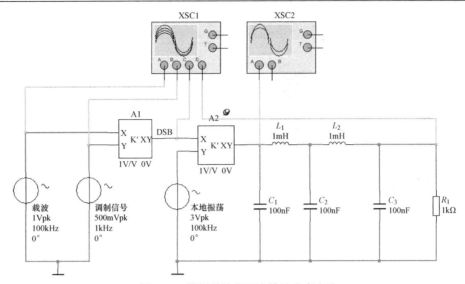

图 3.64 模拟乘法器同步检波仿真电路

2. 乘积型同步检波（DSB、SSB）仿真结果

DSB 信号经过检波器的解调输出波形如图 3.65 所示。

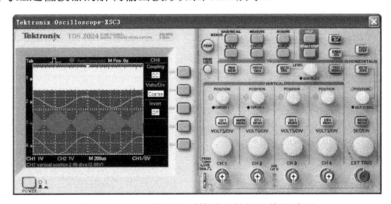

图 3.65 DSB 信号经过检波器的解调输出波形

仿真现象、数据与结论：

3.7　频率调制电路 Multisim 仿真与设计

3.7.1　频率调制电路的设计原理

直接调频是在 VCO 的基础上实现的，调制信号控制可变电抗，引起振荡频率变化，如图 3.66（a）所示。可采用的可变电抗主要有变容二极管、具有电压作用电容值变化特点的 MOS 管。

间接调频是在调相器的基础上实现的，调制信号先积分，再调相，实际输出调频波信号，如图 3.66（b）所示。

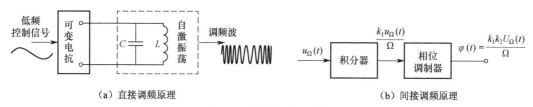

（a）直接调频原理　　　　　　　　　　（b）间接调频原理

图 3.66　频率调制的原理

3.7.2　直接频率调制原理电路仿真验证

1. 直接调频仿真电路

直接调频仿真电路如图 3.67 所示。根据电路原理图，选择相应元器件，构成仿真电路。

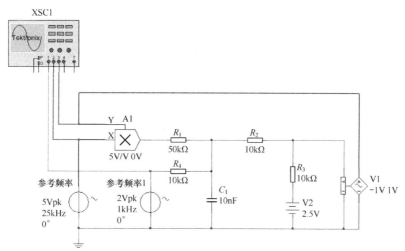

图 3.67　直接调频仿真电路

泰克示波器 XSC1 三通道分别观察：调制信号、载波信号和调制输出调频波（FM 信号）。

2. 仿真结果分析

打开示波器 XSC1，可观察到调频电路的时域波形，如图 3.68 所示。图中从上至下观察到的波形依次为调制信号、载波信号和 FM 信号。

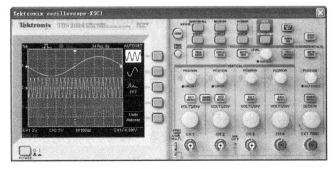

图 3.68　调频电路的时域波形

仿真现象、数据与结论：

3.8　频率解调电路 Multisim 仿真与设计

3.8.1　频率解调电路的设计原理

调频波中瞬时角频率的变化规律与原调制信号相同，如图 3.69（a）所示，将瞬时角频率转换为电压信号输出即频率解调。利用 LC 回路的幅频特性在失谐状态下表现出一定的线性特点，如图 3.69（b）所示，可以将频率变化转换为幅度变化，调频波转换为调幅调频波，采用二极管包络检波电路实现解调；或者是利用 LC 回路的相频特性所表现出来的相位–频率之间的线性关系，如图 3.69（c）所示，可以将频率变化转换为相位变化，采用鉴相电路实现解调。

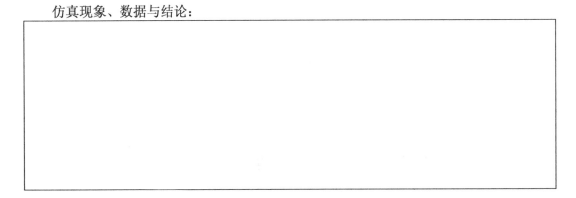

（a）调频波的疏密变化　　　　（b）LC 回路的幅频特性　　　　（c）LC 回路的相频特性

图 3.69　频率解调的原理

3.8.2　斜率鉴频器原理电路仿真验证

1. 斜率鉴频器仿真电路

斜率鉴频器仿真电路如图 3.70 所示。根据电路原理图，选择相应器件，构成仿真电路。电路中 C3、R4 和 L1 组成调谐电路，谐振频率略高于或略低于 FM 信号的载频，利用 LC 回路失谐工作时具有的阻抗频率特性，实现 FM 信号转换为 AM-FM 信号，二极管之后的电路则为包络检波器。

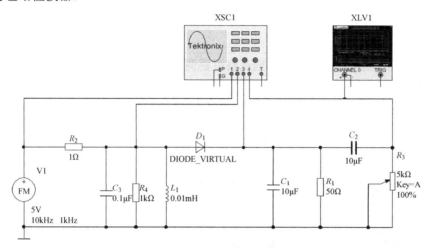

图 3.70　斜率鉴频器仿真电路

XSC1 示波器采用四通道同时观察输入调频波信号，调幅调频波信号、包络检波器解调输出信号、隔直后输出信号。动态信号分析仪 XLV1 观察输出解调输出信号的频谱情况。

2. 仿真结果

打开示波器 XSC1，观察电路工作波形如图 3.71 所示。示波器中从上至下依次为 FM 信号、AM-FM 信号、调制信号，以及隔直流输出调制信号的电压波形。

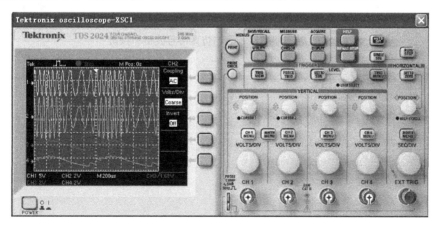

图 3.71　斜率鉴频器电路的仿真波形

观察波形可以发现，AM-FM 和 FM 信号在相位变化上具有相同特点。

仿真现象、数据与结论：

打开动态信号分析仪 XLV1，根据观察需要调整 FFT 参数，可观察到斜率鉴频器的仿真信号波形和频谱如图 3.72 所示。

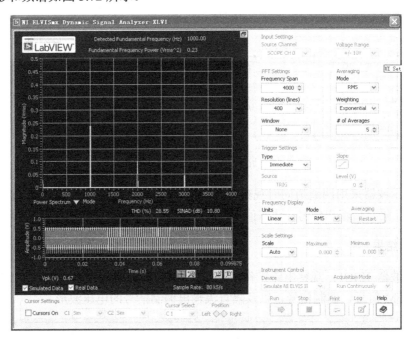

图 3.72　斜率鉴频器的仿真信号波形和频谱

仿真现象、数据与结论：

3.9　**混频器** Multisim **仿真与设计**

3.9.1　混频器的设计原理

非线性元器件能够产生丰富的谐波成分，利用二极管、三极管、场效应管及模拟乘法器等非线性元器件，设计实现混频电路，如图 3.73 所示。

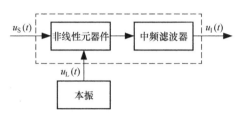

图 3.73　混频器的电路模型

混频器电路组成中主要包括非线性元器件、具有窄带滤波特性的中频滤波器和本振信号，本振为高频正弦波信号。实际应用时，具有相乘功能的元器件都可用来构成变频电路。时域上，有用信号 u_S（频率为 f_S）和本振信号（频率为 f_L）相乘，频域上，输出信号的频率 f_I 是这两个信号频率的差频（$f_I = f_L - f_S$，下变频）或和频（$f_I = f_L + f_S$，上变频），以此实现混频目的。

根据非线性元器件不同，混频器可以分为两大类：一类是无源混频器，如单二极管混频器、双二极管平衡混频器、四二极管环形混频器等；另一类是有源混频器，如三极管混频器、模拟乘法器混频器等。目前，高质量的通信设备中广泛采用二极管环形变频器和模拟乘法器，而在一般接收机中，为了简化电路，仍采用简单的晶体管混频器。

3.9.2　无源混频器原理电路仿真验证

无源混频器电路简单，不能提供混频增益。作为下变频接收机电路，为了得到更小的噪声系数，无源混频器在前级一般要加低噪声放大器（Low Noise Amplifier，LNA），由此会引起更多的互调失真。无源混频器的变压器通常会限制混频器的最高工作频率，从而影响带宽，并且集成度差，体积较大。

1. 二极管环形混频器仿真电路

二极管环形混频器仿真电路如图 3.74 所示。根据电路原理图，选择相应器件，构成仿真电路。变压器 T1 处加入有用信号 U_S，变压器 T2 处加入本振信号 U_L。为便于观察，有用信号 U_S 的频率 f_S 设为 100Hz，本振信号 U_L 的频率 f_L 设为 1kHz。仪器选择泰克示波器 XSC1 和动态信号分析仪 XLV1，实现对电路工作的时域波形和频域频谱的观察。

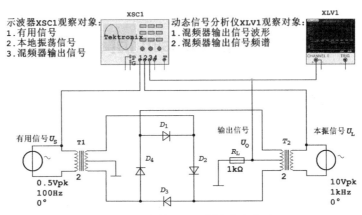

图 3.74　二极管环形混频器仿真电路

2. 波形与频谱仿真分析

分别打开泰克示波器 XSC1 和动态信号分析仪 XLV1，调节时基和幅度尺度，可观察到相应的时域波形如图 3.75 所示。

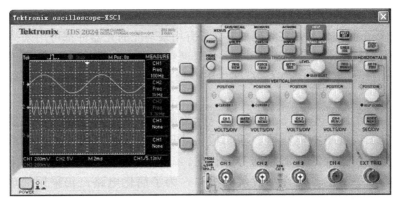

图 3.75　混频器的时域波形

仿真现象、数据与结论：

根据混频输出频率情况设置 FFT 参数，观察混频器的仿真输出波形和频谱如图 3.76 所示。

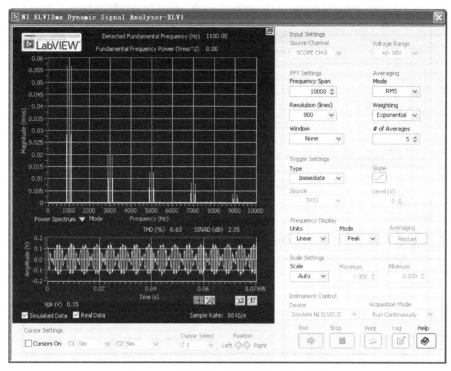

图 3.76　混频器的仿真输出波形和频谱

3. 傅里叶分析

信号频谱特征也可通过软件的傅里叶分析仿真观察，电路如图 3.77 所示。设置电路输出信号点电压为 U_o（线的名称设为 U_o）。

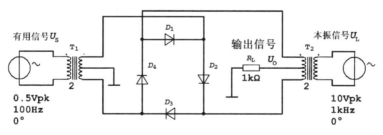

图 3.77　混频器傅立叶分析仿真电路

单击 Simulate 菜单下的 Analyses and simulation 进入 Fourier 选项。傅里叶分析共 3 个选项卡：Analysis parameters、Output、Analysis options 和 Summary。依次设置 Analysis parameters 和 Output 两个选项卡，如图 3.78 所示。

Analysis parameters 选项卡中采样的频率分辨率为 100Hz，单击 Estimate 按钮，则为自动设置；谐波数量设置为 100，确保能够观察到 f_S 和 f_L 的上变频 1100Hz 和下变频 900Hz；采样停止时间单击 Estimate 按钮，自动设置；采样率由最高频率和谐波数量一起决定，本次最高频率为 1kHz，谐波数量为 100，因此可设采样率为 200kHz（单击 Estimate 按钮，则自动设置为 200000Hz）。

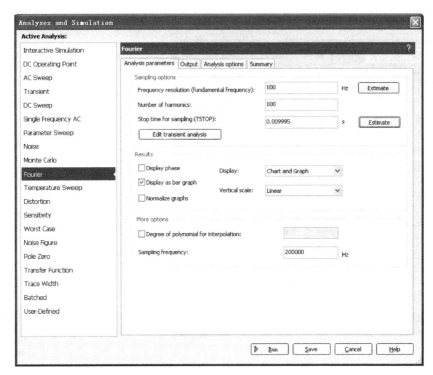

（a）Analysis parameters 选项卡

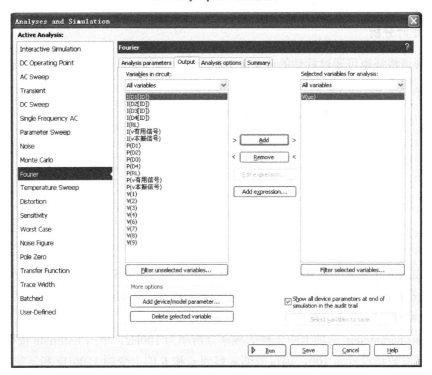

（b）Output 选项卡

图 3.78　Multisim 软件的傅里叶分析选项

Output 选项卡中选择需要仿真分析的对象，本仿真选择输出电压 $V(u_o)$。

设置完毕，单击 Save 按钮，再单击 Run 按钮，获得傅里叶分析的仿真结果，如图 3.79 所示。

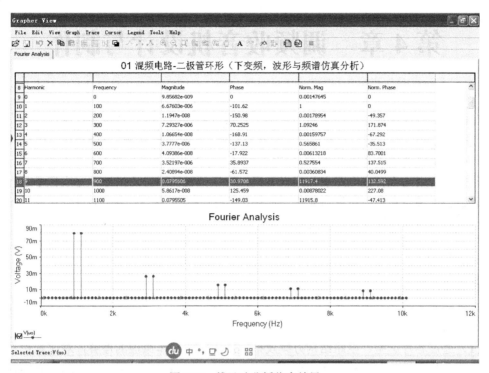

图 3.79　傅里叶分析仿真结果

仿真现象、数据与结论：

第4章 调频收音机设计与制作

在前续功能模块通信电路实验的基础上，本章将选用一款收音机芯片制作一个完整收音机电路，要求能够完成收音机各项正常接收功能，接收质量良好，性能稳定。本章以 NXP 公司单芯片集成调频收音机芯片 TEA5767 为例，结合课程需要与编者工作经验，探寻目前技术条件下常用的收音机电路设计集成方案，并在其设计手册的指导下完成整个收音机的设计调试。通过本实验的设计与制作，期望读者达到对通信电子电路学以致用的目的，同时，也借此实验提供给读者一种通用的电子电路设计流程与方法。

当然，读者也可以用百度等搜索引擎自行优选相关收音机芯片或电路模块，然后根据其推荐的电路快速搭建和调试电路，完整感受从芯片选型到硬件调试，再到软件配置，直至收音机成型的电子电路设计的乐趣。

本次实验为综合性设计实验，在前续子功能模块电路设计的基础上，期望达到以下几个设计目的。

（1）通过芯片选型、电路结构方案及推荐应用电路工作原理的理解，对比理论课所学内容，熟悉与理解实际工程设计与理论学习之间的差别与联系，努力做到理论和实际相结合，达到学以致用的目的。

（2）通过完整的设计体验过程，力求拓展了解实用电路中的一些常用辅助功能电路，掌握一些常用电路的设计技巧与注意事项，进一步熟悉常用仪器仪表的使用方法与经验。

4.1 调频收音机芯片 TEA5767 简介

NXP 的 TEA5767 是一款性能优异的高灵敏度调频收音机芯片，很多 MP3 播放器都用这个型号来实现 FM 收音功能。该芯片低电压、低功耗、单芯片全集成，典型工作电源电压为 3V，工作电流约为 11mA，FM 接收频率支持 76～108MHz，可兼容国内外各种调频频段，收音效果非常出色，最多可存储 50 个电台频道。

TEA5767 内部集成中频选频和解调电路，高频、中频直至解调电路完全免调试，只需要很少量的小体积外围元件即可实现完整接收功能，具体特点如下。

（1）高灵敏度（内部集成低噪声射频输入放大器）。

（2）兼容美国/欧洲（87.5～108 MHz）和日本（76～91MHz）调频波段。

（3）预调谐接收日本电视伴音至 108 MHz。

（4）射频自动增益控制（AGC）电路。

（5）LC 调谐振荡器采用低成本固定值芯片电感。

（6）调频中频选择及鉴频均在内部完成免于调试。

（7）3 种振荡基准频率输入 32.768kHz、13MHz、6.5MHz。

（8）锁相环频综调谐系统。

（9）总线模式可供选择 I²C 总线模式或三线模式。

（10）总线输出 7 位中频计数和 4 位电平。

（11）软静音、立体声消噪（SNC）、高电平切割（HCC）能通过总线切换。

（12）免调谐立体声解码器，自动搜索调谐功能。

4.2　芯片 TEA5767 的结构与工作原理

TEA5767 为单芯片集成 FM 解调芯片，其内部集成了从天线射频信号输入直至音频左右双通道信号输出的所有功能电路。对比理论课程所学内容，该芯片内部包括射频放大、混频、本振信号源、中频放大及鉴频器等几乎所有功能模块，如图 4.1 所示。芯片输出信号为解调之后的音频信号，可以直接送至低频（音频）信号放大器放大后驱动喇叭输出还原。

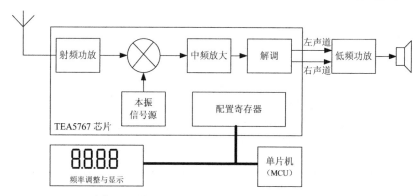

图 4.1　基于 TEA5767 芯片的 FM 收音机架构

该芯片采用 QFN40 封装，芯片底视图如图 4.2 所示，对应芯片引脚号与功能如表 4.1 所示。

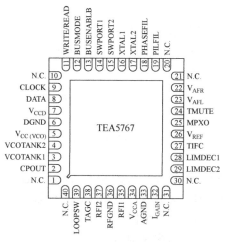

图 4.2　TEA5767 芯片底视图

表 4.1　芯片引脚号与功能

引脚号	引脚名	功能	引脚号	引脚名	功能
1	N.C.	无连接	21	N.C.	无连接
2	CPOUT	内置锁相环电荷泵输出	22	V_{AFL}	左通道音频输出
3	VCOTANK1	锁相环中压控振荡器输出 1	23	V_{AFR}	右通道音频输出
4	VCOTANK2	锁相环中压控振荡器输出 2	24	TMUTE	软静音时常数设置
5	V_{CC}（VCO）	锁相环中压控振荡器电源	25	MPXO	鉴频 MPX 信号输出
6	DGND	数字地	26	V_{REF}	基准电压
7	V_{CCD}	数字电源	27	TIFC	中频中心校准时常数
8	DATA	总线数据输入/输出	28	LIMDEC1	去耦中频限幅器 1
9	CLOCK	总线时钟输入	29	LIMDEC2	去耦中频限幅器 2
10	N.C.	无连接	30	N.C.	无连接
11	WRITE/READ	读写控制	31	N.C.	无连接
12	BUSMODE	总线模式选择	32	I_{GAIN}	中频滤波器增益控制电流
13	BUSENABLE	总线使能输入	33	AGND	模拟地
14	SWPORT1	软件编程端口 1	34	V_{CCA}	模拟电源
15	SWPORT2	软件编程端口 2	35	RFI1	射频输入 1
16	XTAL1	晶振输入 1	36	RFGND	射频地
17	XTAL2	晶振输入 2	37	RFI2	射频输入 2
18	PHASEFIL	鉴相器环路滤波	38	TAGC	自动增益时常数
19	PILFIL	导频探测低通滤波	39	LOOPSW	锁相环综开关输出
20	N.C.	无连接	40	N.C.	无连接

图 4.3 所示为芯片内部电路、读者借此对现代 FM 接收机芯片方案的具体实现电路有一个真实了解，对比理论课学习内容，除理论课程前续阐述过的主要核心模块之外，事实上如果保证芯片正常工作，还有众多的辅助功能电路需要增补，如增益控制电路（AGC）、增益稳定电路、各种参数校准电路，这些都是电路提高性能确保稳定工作不可或缺的模块。随着后续课程的深入，部分读者可能会有机会进一步深入探讨学习。

下面就 TEA5767 内部主要的核心功能模块做一个简单描述。

（1）低噪声 RF 放大器（LNA）：其包含低噪声放大器和 FM 频段 LC 滤波器，其增益受控于射频 RF 自动增益控制电路（AGC）。

（2）FM 混频器（MIXER）：正交混频结构，实现频率从射频 76～108MHz 到中频 225kHz 转换。

（3）压控振荡器（VCO）：外置变容二极管和电感，振荡输出 150～217MHz 信号除 2 分频后送至正交混频器。

（4）晶体振荡器（CRYSTAL OSCILLATOR）：该部分电路需要外接一个 32.768kHz 或 13MHz 晶振。当外接 32.768kHz 晶振时，电路工作温度限定为-10～60℃。

晶振电路产生的时钟主要有以下功能。

① 提供锁相环 PLL 频率综合器参考时钟。

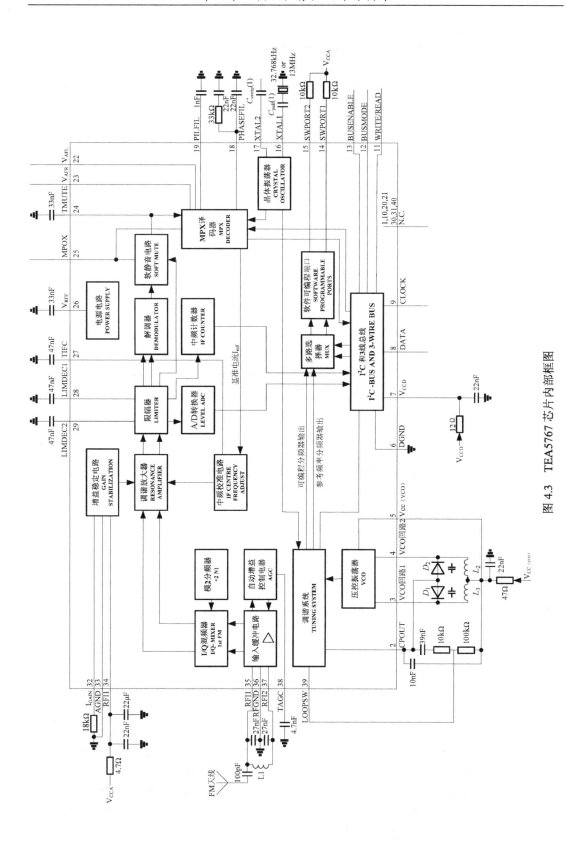

图 4.3　TEA5767 芯片内部框图

② IF 计数器定时。

③ 立体声解码用 VCO 的自由振荡频率校准。

④ IF 滤波器中心频率的校准。

（5）锁相环调谐系统（PLL TUNING SYSTEM）：在晶振电路提供的参考时钟激励下工作，用于 FM 接收机的自动搜索调谐。

（6）射频自动增益控制器（RFAGC）：该电路用于防止信号过载和限制强相邻信道信号带来的交调干扰。

（7）中频滤波器（IF FILTER）：该芯片采用内部全集成中频滤波器，无须外界调整。

（8）鉴频器（FM DEMODULATOR）：解调器对应鉴频器，采用正交鉴频并集成一款谐振器可用于 IF 信号的相位偏移。

（9）MPX 译码器（MPX DECODER）：该译码器为免校准锁相环型立体声译码器，可以通过总线在单通道与立体声之间切换。

（10）中频计数器（IF COUNTER）：中频计数器通过总线输出 7 位计数结果。

（11）软静音电路（SOFT MUTE）：在低输入射频信号电平情况下，经低通滤波后的电压信号可以驱动软静音衰减器工作，软静音功能可以通过总线控制开启与关闭。

（12）软件可编程端口（SOFTWARE PROGRAMMABLE PORTS）：两个可编程端口（集电极开路）可以通过总线编程输入，具体编程指导参见数据手册。

（13）I^2C 和 3 线总线（I^2C-BUS AND 3-WIRE BUS）：I^2C 和 3 线总线最大工作时钟频率为 400kHz。在读写操作之前，引脚 BUSENABLE 需要至少保持 10μs 高电平时间。引脚 BUSMODE 低电平时选择 I^2C 总线模式，引脚 BUSMODE 高电平时选择 3 线总线模式。

4.3　基于 TEA5767 收音机电路设计与应用

由于 TEA5767 芯片尺寸较小，手工焊接不方便，又由于该芯片片外电阻、电容、电感及晶振等分立元件相对固定，因此实际应用过程中出现了一种 TEA5767 的 FM 收音机模块。该模块集 TEA5767 芯片与片外分立电阻、电感、电容与晶振等器件于一身，采用 10 端口微型 PCB 封装极大方便了用户的设计使用，节省了用户硬件焊接调试时间，批量使用大幅降低使用成本，该模块实物照片如图 4.4 所示，其对应封装如图 4.5 所示，该模块引脚定义如表 4.2 所示。

实际工程应用中，PCB 绘制板图时需要自定义该模块封装，PCB 制板后直接焊接 TEA5767 模块于 PCB 板上即可使用。

一个完整的基于 TEA5767 芯片方案的 FM 收音机电路，除了 TEA5767 模块，还需要另行配置音频功放与喇叭，另外还需要一片单片机和相应的频率显示模块，如前文图 4.1 所示，读者可以根据自己的特长与兴趣自行选择解决方案与芯片。本章音频功放选择 LM386 芯片，单片机选择 STC89C52，实际原理如图 4.6 所示，完整的 Protel 格式电路原理图参见附录 A-1 和附录 A-2。原理图中，R6 为音频音量调节电位器，S1、S2 均为频率增减步进按钮开关，S4 为电源自锁开关［见图 4.7（a）］。学过单片机编程的读者，建议参照附录 A-3 尝试自行编程调试 STC89C52，对于没有学习过单片机的读者，建议直接选用烧录好程序的 STC89C52 自行调试其他硬件电路。此外，制作采用的元器件清单参见附录 A-4。

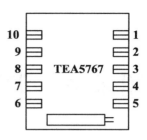

图 4.4　TEA5767 模块实物照片　　　　　图 4.5　TEA5767 封装

表 4.2　TEA5767 模块引脚定义

引脚号	引脚名	功能定义	引脚号	引脚名	功能定义
1	ANT	天线接口	6	VCC	电源电压
2	MPX	FM 解调器 MPX 信号输出	7	W/R	读写控制（三线控制有效）
3	R	右声道输出	8	MODE	总线模式选择
4	L	左声道输出	9	CLK	总线时钟输入
5	GND	地	10	DATA	总线数据输入/输出

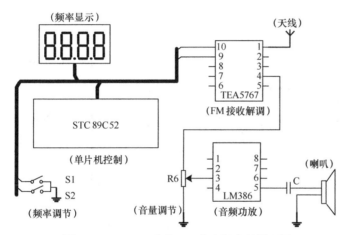

图 4.6　TEA5767 完整 FM 收音机实际原理图

读者在参考借鉴图 4.6 所示调频收音机电路原理的基础上，自行设计制作 PCB 板，也可网上直接采购 PCB 板，如图 4.7（a）所示，焊接后的 PCB 硬件电路如图 4.7（b）所示。

（a）PCB 照片　　　　　　　（b）焊接完毕的 PCB 硬件电路

图 4.7　TEA5767 FM 收音机 PCB 与实物图

附录 A 调频收音机设计与制作资源

附录 A-1 原理图（SCH）

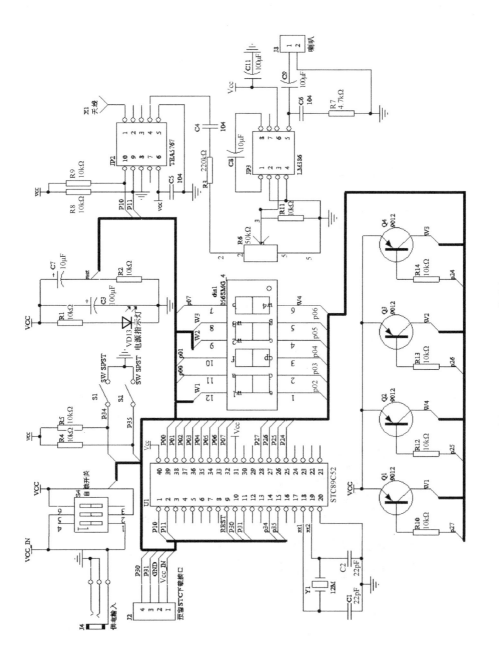

图 A-1 TEA5767 FM 收音机原理图

附录 A-2 印刷电路板（PCB）

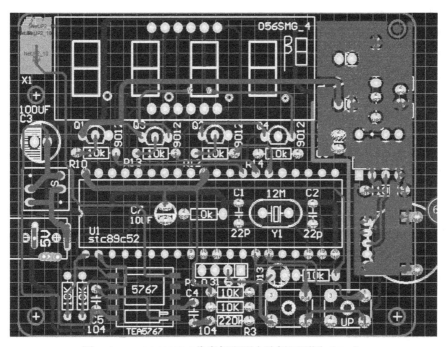

图 A-2 TEA5767 FM 收音机印刷电路板正面图（Top）

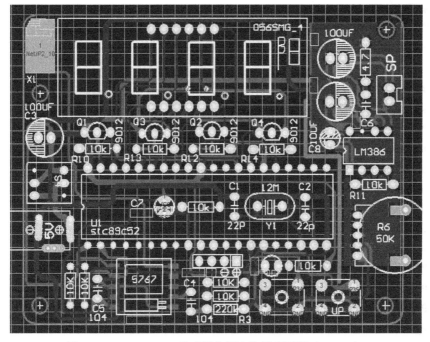

图 A-3 TEA5767 FM 收音机印刷电路板底面图（Bottom）

附录 A-3　程序（PROGRAM）

头文件: eeprom52.h

```
/*******************************************************************/#ifndef
_EEPROM52_H_
#define _EEPROM52_H_
uchar a_a;
/********STC89C51 扇区分布*******
第一扇区: 1000H--11FF
第二扇区: 1200H--13FF
第三扇区: 1400H--15FF
第四扇区: 1600H--17FF
第五扇区: 1800H--19FF
第六扇区: 1A00H--1BFF
第七扇区: 1C00H--1DFF
第八扇区: 1E00H--1FFF
****************/
/********STC89C52 扇区分布*******
第一扇区: 2000H--21FF
第二扇区: 2200H--23FF
第三扇区: 2400H--25FF
第四扇区: 2600H--27FF
第五扇区: 2800H--29FF
第六扇区: 2A00H--2BFF
第七扇区: 2C00H--2DFF
第八扇区: 2E00H--2FFF
****************/
#define RdCommand 0x01 //定义 ISP 的操作命令
#define PrgCommand 0x02
#define EraseCommand 0x03
#define Error 1
#define Ok 0
#define WaitTime 0x01 //定义 CPU 的等待时间
sfr ISP_DATA=0xe2; //寄存器声明
sfr ISP_ADDRH=0xe3;
sfr ISP_ADDRL=0xe4;
sfr ISP_CMD=0xe5;
sfr ISP_TRIG=0xe6;
sfr ISP_CONTR=0xe7;
```

```c
/*********************打开 ISP IAP 功能******************** */
void ISP_IAP_enable(void)
{
    EA = 0;        /* 关中断   */
    ISP_CONTR = ISP_CONTR & 0x18;        /* 0001，1000 */
    ISP_CONTR = ISP_CONTR | WaitTime;   /* 写入硬件延时 */
    ISP_CONTR = ISP_CONTR | 0x80;        /* ISPEN=1   */
}
/********************关闭 ISP IAP 功能******************** */
void ISP_IAP_disable(void)
{
    ISP_CONTR = ISP_CONTR & 0x7f; /* ISPEN = 0 */
    ISP_TRIG = 0x00;
    EA    =    1; /* 开中断 */
}
/********************公用的触发代码********************/
void ISPgoon(void)
{
    ISP_IAP_enable(); /* 打开 ISP 和 IAP 功能 */
    ISP_TRIG = 0x46; /* 触发 ISP_IAP 命令字节 1 */
    ISP_TRIG = 0xb9; /* 触发 ISP_IAP 命令字节 2 */
    _nop_();
}
/********************字节读********************/
unsigned char byte_read(unsigned int byte_addr)
{
    EA = 0;
    ISP_ADDRH = (unsigned char)(byte_addr >> 8); /* 地址赋值 */
    ISP_ADDRL = (unsigned char)(byte_addr & 0x00ff);
    ISP_CMD    = ISP_CMD & 0xf8; /* 清除低 3 位   */
    ISP_CMD    = ISP_CMD | RdCommand; /* 写入读命令 */
    ISPgoon();            /* 触发执行   */
    ISP_IAP_disable();   /* 关闭 ISP 和 IAP 功能 */
    EA    = 1;
    return (ISP_DATA);   /* 返回读到的数据 */
}
/********************扇区擦除/********************/
void SectorErase(unsigned int sector_addr)
{
    unsigned int iSectorAddr;
    iSectorAddr = (sector_addr & 0xfe00); /* 读取扇区地址 */
```

```c
    ISP_ADDRH = (unsigned char)(iSectorAddr >> 8);
    ISP_ADDRL = 0x00;
    ISP_CMD = ISP_CMD & 0xf8; /* 清空低 3 位  */
    ISP_CMD = ISP_CMD | EraseCommand; /* 擦除命令 3   */
    ISPgoon();          /* 触发执行   */
    ISP_IAP_disable(); /* 关闭 ISP 和 IAP 功能 */
}
/*********************字节写/**********************
void byte_write(unsigned int byte_addr，unsigned char original_data)
{
    EA   = 0;
//      SectorErase(byte_addr);
    ISP_ADDRH = (unsigned char)(byte_addr >> 8); /* 读取地址    */
    ISP_ADDRL = (unsigned char)(byte_addr & 0x00ff);
    ISP_CMD   = ISP_CMD & 0xf8;   /* 清除低 3 位 */
    ISP_CMD   = ISP_CMD | PrgCommand; /* 写命令 2 */
    ISP_DATA = original_data; /* 写入数据准备  */
    ISPgoon();          /* 触发执行   */
    ISP_IAP_disable();      /* 关闭 IAP 功能  */
    EA =1;
}
#endif
/*************************************************************************/
TEA5767_1602.c 程序
/***************************************************/
//功能: 以 LCD1602 为显示的 TEA5767 模块的收音机
//编译软件: KELI C
//单片机: STC89C52  晶振: 13.56MHz
#include <reg52.h>
#include <intrins.h>
#define uchar unsigned char   //无符号字符型，宏定义，变量范围为 0~255
#define uint   unsigned int   //无符号整型，宏定义，变量范围为 0~65535
#include "eeprom52.h"
#define DELAY5US _nop_(); _nop_(); _nop_(); _nop_(); _nop_();
/**************TEA5767 模块接线方法******************/
sbit SDA=P1^0;
sbit SCL=P1^1;
/**************频率调节按键接线******************/
sbit Key1=P3^5;
sbit Key2=P3^4;
/*******数码管的连接引脚配置********/
```

```
sbit    smg_we1 = P2^7;              //数码管位选
sbit    smg_we2 = P2^6;
sbit    smg_we3 = P2^4;
sbit    smg_we4 = P2^5;
sbit SMG_A = P0^0;
sbit SMG_B = P0^7;
sbit SMG_C = P0^5;
sbit SMG_D = P0^3;
sbit SMG_E = P0^2;
sbit SMG_F = P0^1;
sbit SMG_G = P0^6;
sbit SMG_DP =P0^4;
#define ON        0       //共阳数码管段码，0 亮
#define off      1       //共阳数码管段码，1 灭
#define   display_on   5 //按下键后，数码管亮的时间控制，单位为秒
/*****************参数定义*****************************/
unsigned long int    FM_FREQ; //频率
unsigned short int FM_PLL; //PLL
uchar t0_crycle，second_count，msecond_count，display_flag;
uchar idata sbuf[5];        // 数据发送缓冲区
uchar idata numbyte;
uchar idata numbyte_AMP;
uchar idata ADDRESS_AMP;
uchar idata ADDRESS_SEND;   //TEA5767 发送地址
uchar idata ADDRESS_RECEIVE; // TEA5767 接收地址
uchar idata rbuf[5];        // 数据接收缓冲区
uchar idata ampint[5];
uchar bdata PLL_HIGH;
uchar bdata PLL_LOW; //设定用于搜索和预设的可编程频率合成器
uchar bdata I2C_byte1; //发送的五字节 TEA5767 可位寻址的设置值
uchar bdata I2C_byte2;
uchar bdata I2C_byte3;
uchar bdata I2C_byte4;
uchar bdata I2C_byte5;
sbit MUTE =I2C_byte1^7; //如果 MUTE=1，则左右声道被静音；如果 MUTE=0，则左右声道正常工作
//sbit SM = I2C_byte1^6; //如果 SM=1，则处于搜索模式；如果 SM=0，则不处于搜索模式
//sbit SUD=I2C_byte3^7; //如果 SUD=1，则增加频率搜索；SUD=0，则减小频率搜索
uchar    byte1;
uchar    byte2;
uchar    byte3;
uchar    byte4;
```

```
uchar    byte5;
uchar    num1，num2，num3，num4;
uchar    tab1[]={'0', '1', '2', '3', '4', '5', '6', '7', '8', '9', 'A', 'B', 'C', 'D', 'E', 'F'};
bit    bdata NACK;         // 错误标志位
uint set_d;                    //频率
/*********相关函数声明**********************************/
void    init(void);         //TEA5767 初始化
void    delay600ms(void); //延迟 600ms
void    delay100ms(void);    //延迟 100ms
void    delay10ms();
void    delay1ms(void);       //延迟 1ms
void    sendnbyte(uchar idata *sla，uchar n); //与 sendbyte 函数构成 I2C 数据发送函数
void    I2C_start(void);      //I2C 传输开始
void    sendbyte(uchar idata *ch);
void    checkack(void); //检查应答信号
void    stop(void);          //I2C 传输结束
void    AMP_sendnbyte(uchar idata *sla，uchar numbyte_AMP);
void    key_scan(void);      //按键扫描
void    search_up(void); //接收频率向上加
void    search_down(void); //接收频率向下减
void    setByte1Byte2(void); //设置第一、第二字节频率
void    LCMInit(void); //LCD 初始
void    DelayMs(uint Ms); //1Ms 基准延时程序
void    WriteDataLCM         (uchar WDLCM); //LCD 模块写数据
void    WriteCommandLCM (uchar WCLCM，BuysC); //LCD 模块写指令
uchar    ReadStatusLCM(void); //读 LCD 模块的忙标
void    DisplayOneChar(uchar X，uchar Y，uchar ASCII); //在第 X+1 行第 Y+1 位置显示一个字符
void    LCDshow(void);
void    DelayMs(uint Ms);
void    read_eeprom();
void    write_eeprom();
void    init_eeprom();
void    SMG_Num(uint n);        //数码管段码，小数点不显示
void    SMG_Num_dp(uint n);       //数码管段码，小数点显示
void    smg_we_switch(uchar i); //数码管位选
void    display();
void    init_t0();
/********************数码显示函数***********************/
/********************主程序***************************/
void main(void)
{
```

```
        uchar i;
        display_flag=1;
        numbyte = 5;
        numbyte_AMP=5;
        ADDRESS_SEND = 0xC0; // TEA5767 写地址  1100 0000
        ADDRESS_RECEIVE=0XC1; // TEA5767 读地址  1100 0001
        ADDRESS_AMP=0X8E;
        for(i=0; i<50; i++)display(); //上电延时一会儿，待电源稳定，用显示程序代替延时
        init_t0();
        init_eeprom();
        init();        //   初始化 TEA5767
        TR0=1; //开启时钟
        while(1)
        {
            key_scan();        //按键扫描
            if(display_flag==1) //判断数码管是否该亮，超过规定时间关闭数码管，减小用电量
            {  //数码管显示
                for(i=0; i<10; i++)display(); //数码管显示频率程序，调用 10 次显示程序后执行一次按键检
查程序，这样能控制频率修改的速度
            }
        }
    }
    void timer0() interrupt 1
    {
        TH0=(65536-50000)/256;
        TL0=(65536-50000)%256;
        t0_crycle++;
        if(t0_crycle==2)// 0.1s
        {
            t0_crycle=0;
          msecond_count++;
          if(msecond_count==10)//1s
          {
            msecond_count=0;
            second_count++;
            if(second_count>=display_on)
            {
                TR0=0; //关闭时钟
                display_flag=0; //数码管显示标准复位
            }
          }
```

```
            }
        }
/*****************************************************************/
void init_t0()
{
    TMOD=0x01; //设定定时器工作方式 1，定时器定时 50ms
     TH0=(65536-50000)/256;
     TL0=(65536-50000)%256;
     EA=1; //开总中断
     ET0=1; //允许定时器 0 中断
     t0_crycle=0; //定时器中断次数计数单元
}
/*************按键扫描程序*********************/
void key_scan(void)
{
    if(Key1==0)
    {
        display();
       display(); //用数码管显示程序代替延时去按键抖动，减轻按按键时数码管闪烁问题
        if(Key1==0)
        {
           TR0=1;        //开启时钟
           display_flag=1; //数码管显示标准置位
           second_count=0;
        search_up();        //频率向上
          }
    }
    if(Key2==0)
    {
        display();
       display(); //用数码管显示程序代替延时去按键抖动，减轻按按键时数码管闪烁问题
        if(Key2==0)
        {
           TR0=1;    //开启时钟
           display_flag=1; //数码管显示标准置位
second_count=0;
          search_down(); //频率向下
          }
    }
}
/***********************************/
```

```
//向上搜索
void search_up(void)
{
    MUTE=1;                    //静音
 // SUD=1;                    //搜索标志位设为向上
    if(FM_FREQ>108000000){FM_FREQ=87500000; } //判断频率是否到顶
    FM_FREQ=FM_FREQ+100000;                    //频率加 100kHz
    FM_PLL=(unsigned short)((4000*(FM_FREQ/1000+225))/32768); //计算 PLL 值
    setByte1Byte2();   //设置 I²C 第一、第二字节 PLL 值
    set_d=FM_FREQ/100000;
    write_eeprom();                //保存数据
}
/****************************/
// 向下搜索
void search_down(void)
{
    MUTE=1;    //静音
 // SUD=0; //搜索标志位设为向下
    if(FM_FREQ<87500000){FM_FREQ=108000000; }   //判断频率是否到底
    FM_FREQ=FM_FREQ-100000;                      //频率减 100kHz
    FM_PLL=(unsigned short)((4000*(FM_FREQ/1000+225))/32768);   //计算 PLL 值
    setByte1Byte2();          //设置 I²C 第一、第二字节 PLL 值
    set_d=FM_FREQ/100000;
    write_eeprom();              //保存数据
}
/*************开机自检 eeprom 初始化****************/
void init_eeprom()
{
    read_eeprom();   //先读
    if(a_a != 1)     //新的单片机初始 eeprom
    {
        set_d = 875; //新的单片机第一次默认频率为 87.5MHz
        a_a = 1;
        write_eeprom();      //保存数据
    }
    if(set_d>1087)set_d=875;
    if(set_d<875)set_d=1087;
}
/**********************************/
void init(void)
{
```

```
    uchar idata sbuf[5]={0XF0，0X2C，0XD0，0X10，0X40}; //FM 模块预设值
    uchar idata rbuf[5]={0X00，0X00，0X00，0X00，0X00};
    uchar idata ampint[5]={0X27，0X40，0X42，0X46，0XC3};
    FM_PLL=0X302C;
    FM_FREQ=set_d*100000; //开机预设频率
    PLL_HIGH=0;
    PLL_LOW=0;
    delay100ms();
    delay100ms();
    P1=0XFF;
    P2=0XFF;
    I2C_byte1=0XF0; //FM 模块预设值
    I2C_byte2=0X2C;
    I2C_byte3=0XD0;
    I2C_byte4=0X10;
    I2C_byte5=0X40;
    byte1=0X27;
    byte2=0X40;
    byte3=0X42;
    byte4=0X46;
    byte5=0XC3;
    sendnbyte(&ADDRESS_SEND，numbyte);
    delay100ms();
    AMP_sendnbyte(&ADDRESS_AMP，numbyte_AMP);
    FM_PLL=(unsigned short)((4000*(FM_FREQ/1000+225))/32768);   //计算 PLL 值
    setByte1Byte2();             //设置 I²C 第一、第二字节 PLL 值
}
/*****************把数据保存到单片机内部 eeprom 中*****************/
void write_eeprom()
{
    SectorErase(0x2000);
    byte_write(0x2000，set_d % 256);
    byte_write(0x2001，set_d / 256);
    byte_write(0x2058，a_a);
}
/*****************把数据从单片机内部 eeprom 中读出来*****************/
void read_eeprom()
{
    set_d   = byte_read(0x2001);
    set_d <<= 8;
    set_d  |= byte_read(0x2000);
```

```
    a_a        = byte_read(0x2058);
}
/*******************LCD1602 显示程序*****************/
void LCDshow(void)
{
    num1=FM_FREQ/100000000;
    num2=(FM_FREQ%100000000)/10000000;
    num3=(FM_FREQ%10000000)/1000000;
    num4=(FM_FREQ%1000000)/100000;
    DisplayOneChar(0, 4, 'F'); //
    DisplayOneChar(0, 5, 'M'); //
    DisplayOneChar(0, 6, 'R'); //
    DisplayOneChar(0, 7, 'a'); //
    DisplayOneChar(0, 8, 'd'); //
    DisplayOneChar(0, 9, 'i'); //
    DisplayOneChar(0, 10, 'o'); //
    DisplayOneChar(1, 4, tab1[num1]);
    DisplayOneChar(1, 5, tab1[num2]);
    DisplayOneChar(1, 6, tab1[num3]);
    DisplayOneChar(1, 7, '.');
    DisplayOneChar(1, 8, tab1[num4]);
    DisplayOneChar(1, 9, 'M'); //
    DisplayOneChar(1, 10, 'H'); //
    DisplayOneChar(1, 11, 'Z'); //
}
/******************设定延时时间:x*1ms*****************/
void DelayMs(uint Ms)
{
  uint i, TempCyc;
  for(i=0; i<Ms; i++)
  {
    TempCyc = 250;
    while(TempCyc--);
  }
}
/*********************************************/
//发送 n 字节数据子程序
void sendnbyte(uchar idata *sla, uchar n)
{
    uchar idata *p;
    sbuf[0]=I2C_byte1;
```

```
          sbuf[1]=I2C_byte2;
          sbuf[2]=I2C_byte3;
          sbuf[3]=I2C_byte4;
          I2C_start();              // 发送启动信号
          sendbyte(sla);            // 发送从器件地址字节
          checkack();               // 检查应答位
          if(F0 == 1)
           {
                NACK = 1;
                return;             // 若非应答表明器件错误置错误标志位 NACK
           }
          p = &sbuf[0];
          while(n--)
           {
                sendbyte(p);
                checkack();         // 检查应答位
                if (F0 == 1)
                {
                     NACK=1;
                     return;        // 若非应答表明器件错误置错误标志位 NACK
                }
                p++;
           }
          stop();                   // 全部发完则停止
}
/********************************************/
//延迟 100ms
void delay100ms()
{
     uchar i;
     for(i=100; i>0; i--){delay1ms(); }
}
/********************************************/
//延迟 1ms
void delay1ms(void)
{
     uchar i;
     for(i=1000; i>0; i--){; }
}
/********************************************/
```

//在 SCL 为高时，SDA 由高变低即为 I^{2}C 传输开始

```c
void I2C_start(void)
{
    SDA=1;
    SCL=1;
    DELAY5US;
    SDA=0;
    DELAY5US;
    SCL=0;
}
/****************************************************/
//发送一个字节数据子函数
void sendbyte(uchar idata *ch)
{
    uchar idata n = 8;
    uchar idata temp;
    temp = *ch;
    while(n--)
    {
        if((temp&0x80) == 0x80)      // 若要发送的数据最高位为 1 则发送位 1
        {
            SDA = 1;   // 传送位 1
            SCL = 1;
            DELAY5US;
            SCL = 0;
            SDA = 0;
        }
        else
        {
            SDA = 0;   // 否则传送位 0
            SCL = 1;
            DELAY5US;
            SCL = 0;
        }
        temp = temp<<1; // 数据左移一位
    }
}
//发送 n 字节数据子程序
void AMP_sendnbyte(uchar idata *sla，uchar n)
{
    uchar idata *p;
    ampint[0]=byte1;
```

```
        ampint[1]=byte2;
        ampint[2]=byte3;
        ampint[3]=byte4;
        ampint[4]=byte5;
        I2C_start();              // 发送启动信号
        sendbyte(sla);       // 发送从器件地址字节
        checkack();          // 检查应答位
        if(F0 == 1)
         {
              NACK = 1;
              return;          // 若非应答表明器件错误置错误标志位 NACK
         }
        p=&ampint[0];
        while(n--)
         {
              sendbyte(p);
              checkack();     // 检查应答位
              if (F0 == 1)
              {
                   NACK=1;
                   return;      // 若非应答表明器件错误置错误标志位 NACK
              }
              p++;
         }
        stop();               // 全部发完则停止
}
void delay10ms()              //延迟 10ms
{
        uchar i，j;
         for(i=900; i>0; i--)
         {for(j=100; j>0; j--){; }}
}
/**********************************************/
void delay600ms()
{
        uchar i;
        for(i=600; i>0; i--){delay1ms(); }
}
void stop(void)     //在 SCL 为高时，SDA 由低变高即为 I²C 传输结束
{
        SDA=0;
```

```
        SCL=1;
        DELAY5US;
        SDA=1;
        DELAY5US;
        SCL=0;
}
//应答位检查子函数
void checkack(void)
{
        SDA = 1;               // 应答位检查（将 p1.0 设置成输入，必须先向端口写 1）
        SCL = 1;
        F0 = 0;
        DELAY5US;
        if(SDA == 1)           // 若 SDA=1 表明非应答，则置位非应答标志 F0
        F0 = 1;
        SCL = 0;
}
//第一、第二字节 PLL 值设定
void setByte1Byte2(void)
{
        PLL_HIGH=(uchar)((FM_PLL >> 8)&0X3f);     //PLL 高字节值
        I2C_byte1=(I2C_byte1&0XC0)|PLL_HIGH;      //I²C 第一字节值
        PLL_LOW=(uchar)FM_PLL;                    //PLL 低字节值
        I2C_byte2= PLL_LOW;                       //I²C 第二字节值
        sendnbyte(&ADDRESS_SEND，numbyte);        //I²C 数据发送
        MUTE=0;
        delay100ms();                            //延时 100ms
        sendnbyte(&ADDRESS_SEND，numbyte);        //I²C 数据发送
        DELAY5US;
}
void SMG_Num(uint n)       //数码管段码，小数点不显示
{
        switch (n)
        {
            case 0:
            SMG_A = ON;
            SMG_B = ON;
            SMG_C = ON;
            SMG_D = ON;
            SMG_E = ON;
            SMG_F = ON;
```

```
SMG_G = off;
SMG_DP =off;
  break;
  case 1:
SMG_A = off;
SMG_B = ON;
SMG_C = ON;
SMG_D = off;
SMG_E = off;
SMG_F = off;
SMG_G = off;
SMG_DP =off;
  break;
  case 2:
SMG_A = ON;
SMG_B = ON;
SMG_C = off;
SMG_D = ON;
SMG_E = ON;
SMG_F = off;
SMG_G = ON;
SMG_DP =off;
  break;
  case 3:
SMG_A = ON;
SMG_B = ON;
SMG_C = ON;
SMG_D = ON;
SMG_E = off;
SMG_F = off;
SMG_G = ON;
SMG_DP =off;
  break;
  case 4:
SMG_A = off;
SMG_B = ON;
SMG_C = ON;
SMG_D = off;
SMG_E = off;
SMG_F = ON;
SMG_G = ON;
```

```
                SMG_DP =off;
                    break;
                    case 5:
                SMG_A = ON;
SMG_B = off;
SMG_C = ON;
SMG_D = ON;
SMG_E = off;
SMG_F = ON;
SMG_G = ON;
SMG_DP =off;
                    break;
                    case 6:
SMG_A = ON;
SMG_B = off;
SMG_C = ON;
SMG_D = ON;
SMG_E = ON;
SMG_F = ON;
SMG_G = ON;
SMG_DP =off;
                    break;
                    case 7:
SMG_A = ON;
SMG_B = ON;
SMG_C = ON;
SMG_D = off;
SMG_E = off;
SMG_F = off;
SMG_G = off;
SMG_DP =off;
                    break;
                    case 8:
SMG_A = ON;
SMG_B = ON;
SMG_C = ON;
SMG_D = ON;
SMG_E = ON;
SMG_F = ON;
SMG_G = ON;
SMG_DP =off;
```

```
            break;
                case 9:
SMG_A = ON;
SMG_B = ON;
SMG_C = ON;
SMG_D = ON;
SMG_E = off;
SMG_F = ON;
SMG_G = ON;
SMG_DP =off;
                break;
        }
}
void SMG_Num_dp(uint n) //数码管段码，小数点显示
{
    switch (n)
    {
        case 0:
        SMG_A = ON;
        SMG_B = ON;
        SMG_C = ON;
        SMG_D = ON;
        SMG_E = ON;
        SMG_F = ON;
        SMG_G = off;
        SMG_DP =ON;
        break;
        case 1:
        SMG_A = off;
        SMG_B = ON;
        SMG_C = ON;
        SMG_D = off;
        SMG_E = off;
        SMG_F = off;
        SMG_G = off;
        SMG_DP =ON;
        break;
        case 2:
        SMG_A = ON;
        SMG_B = ON;
        SMG_C = off;
```

```
        SMG_D = ON;
        SMG_E = ON;
        SMG_F = off;
        SMG_G = ON;
        SMG_DP =ON;
          break;
          case 3:
        SMG_A = ON;
        SMG_B = ON;
        SMG_C = ON;
        SMG_D = ON;
        SMG_E = off;
        SMG_F = off;
        SMG_G = ON;
        SMG_DP =ON;
          break;
          case 4:
        SMG_A = off;
        SMG_B = ON;
        SMG_C = ON;
        SMG_D = off;
        SMG_E = off;
        SMG_F = ON;
        SMG_G = ON;
        SMG_DP =ON;
          break;
          case 5:
        SMG_A = ON;
SMG_B = off;
SMG_C = ON;
SMG_D = ON;
SMG_E = off;
SMG_F = ON;
SMG_G = ON;
SMG_DP =ON;
          break;
          case 6:
          SMG_A = ON;
SMG_B = off;
SMG_C = ON;
SMG_D = ON;
```

```
SMG_E = ON;
SMG_F = ON;
SMG_G = ON;
SMG_DP =ON;
        break;
        case 7:
SMG_A = ON;
SMG_B = ON;
SMG_C = ON;
SMG_D = off;
SMG_E = off;
SMG_F = off;
SMG_G = off;
SMG_DP =ON;
        break;
        case 8:
SMG_A = ON;
SMG_B = ON;
SMG_C = ON;
SMG_D = ON;
SMG_E = ON;
SMG_F = ON;
SMG_G = ON;
SMG_DP =ON;
        break;
        case 9:
SMG_A = ON;
SMG_B = ON;
SMG_C = ON;
SMG_D = ON;
SMG_E = off;
SMG_F = ON;
SMG_G = ON;
SMG_DP =ON;
        break;
    }
}
/*********************数码位选函数*************************/
void smg_we_switch(uchar i)
{
    switch(i)
```

```
    {
        case 1: smg_we1 = ON; smg_we2 = off; smg_we3 = off; smg_we4 = off; break;
        case 2: smg_we1 = off; smg_we2 =ON; smg_we3 = off; smg_we4 = off; break;
        case 3: smg_we1 = off; smg_we2 = off; smg_we3 = ON; smg_we4 = off; break;
        case 4: smg_we1 = off; smg_we2 = off; smg_we3 = off; smg_we4 = ON; break;
        case 5: smg_we1 = off; smg_we2 = off; smg_we3 = off; smg_we4 = off; break;
    }
}
/*********************数码显示函数*************************/
void display()
{
    uint i;
    i=FM_FREQ/100000000; //求取频率的百位
    if(i!=0)//判断百位数是否为 0，如果为 0，则第一个数码管不显示
    {
        SMG_Num(i);
        smg_we_switch(1);
        delay1ms();
    }
    smg_we_switch(5); //全灭，
    delay1ms(); //全灭延时，起控制数码管亮度作用，如果要让数码管最亮，则删除该句即可
    SMG_Num(FM_FREQ/10000000%10);
    smg_we_switch(2);
    delay1ms();
    smg_we_switch(5); //全灭
    delay1ms();
    SMG_Num_dp(FM_FREQ/1000000%10); // 数码管第 3 位带小数点显示
    smg_we_switch(3);
    delay1ms();
    smg_we_switch(5); //全灭
    delay1ms();
    SMG_Num(FM_FREQ/100000%10);
    smg_we_switch(4);
    delay1ms();
    smg_we_switch(5); //全灭
    delay1ms();
}
/*************************************************************************/
```

附录 A-4　元器件清单（BOM）

元器件名称	数量
PCB	1
262 小天线	1
0.56 寸 3 位共阳数码管	1
100μF 50V 电解电容	3
10μF 25V 电解电容	1
22pF 瓷片电容	3
104 独石电容	4
8×8 自锁开关	1
7mm 高自锁开关帽	1
DC005 座	1
4.7Ω 电阻	1
10kΩ 电阻	11
220kΩ 电阻	1
9012 三极管	5
13.56MHz 晶振	1
TEA5767 收音机模块	1
6×6×12 按键	2
2×5×7 LED	1
50kΩ 拨盘电位器	1
8P IC 座	1
40P IC 座	1
LM386 芯片	2
STC89C52（烧写好程序）	1

参考文献

[1] 徐勇，吴元亮，徐光辉，等. 通信电子线路[M]. 北京：电子工业出版社，2017.

[2] 刘国华，林弥，罗友. 通信电子线路实践教程——设计与仿真[M]. 北京：电子工业出版社，2015.

[3] 顾宝良. 通信电子线路[M]. 2 版. 北京：电子工业出版社，2007.

[4] 于洪珍. 通信电子电路[M]. 2 版. 北京：清华大学出版社，2010.

[5] 谢嘉奎，宣月清，冯军. 电子线路非线性部分[M]. 北京：高等教育出版社，2003.

[6] 赵同刚，高英，崔岩松. 通信电子电路实验与仿真[M]. 北京：北京邮电大学出版社，2016.

[7] 王艳芬，刘洪彦，冯伟. 通信电子电路实验指导[M]. 2 版. 北京：清华大学出版社，2013.